防 灾 减 灾 系 列 教 材

工程地质原位试验教程

蔡晓光　主编

应 急 管 理 出 版 社
· 北　　京 ·

内 容 提 要

本书介绍了常用工程地质原位试验的基本原理、试验仪器、试验步骤以及试验结果的工程应用，在不扰动或基本不扰动地层的情况下测定岩土体的各种工程特性的工程勘察技术，检测基桩承载力、完整性和锚杆抗拔承载力的技术，地下硐室的岩土工程勘察和评价，矿山法隧道工程施工监测的必要性和目的以及检测项目、方法和仪器。

本书可作为高等院校岩土工程、水利水电工程以及地下工程等相关专业的本科生教材，可供从事教学、科研、勘察、施工、监理、监测等领域的科技人员学习参考。

《工程地质原位试验教程》编写组

主　　编　蔡晓光
编写人员　门　妮　孟凡超　李孝波　王　伟　孙有为

前　　言

工程地质原位试验是一门涉及岩土工程、地质学、力学等学科的综合性课程。原位试验是保证岩土工程设计精确性和经济合理性的重要手段，已贯穿于勘察、设计、施工、运营全过程，在工程实践与岩土工程理论发展过程中起到了重要作用。

本书是为配合地质工程等相关专业课程实践与生产实习而编写的教学用书。每个试验项目不仅有试验原理，而且还有详尽的操作步骤，便于学生开展岩土体原位试验。

本书第一章的第一、七节，第三章的第一、二节，第五章由蔡晓光编写；第一章的第二、三节，第三章的第三节，第四章的第四节由孟凡超编写；第一章的第四、五、六节，第四章的第一节由李孝波编写；第二章的第一、二、三节由王伟编写；第二章的第四、五节由门妮编写；第四章的第二、三节由孙有为编写。博士生徐洪路负责全书校改工作。全书由蔡晓光负责统稿。

本书在编写过程中引用了诸多专家、学者在教学、科研、试验中积累的资料，在此表示感谢。

由于编者水平有限，如有疏漏之处，恳请广大读者批评指正。

编　者

2021 年 6 月

目　　次

第一章 土体原位试验

第一节 土体浅层平板载荷试验

载荷试验是保持地基土的天然状态和模拟建筑物的荷载条件，通过一定面积的承压板向地基施加竖向荷载，观察研究地基土变形和强度规律的一种原位试验。

根据承压板形式和设置深度不同，载荷试验分为平板载荷试验（Plate Load Test, PLT）和螺旋板载荷试验（Screw Plate Load Test, SPLT）。其中平板载荷试验又分为浅层平板载荷试验和深层平板载荷试验。浅层平板载荷试验适用于确定浅层地基土（埋深小于3.0 m）以及破碎、极破碎岩石地基的承载力和变形参数；深层平板载荷试验适用于确定深层地基土和大直径桩的桩端土的承载力和变形参数，其试验深度不应小于5 m；螺旋板载荷试验适用于深层地基土或地下水位以下的土层。

土体浅层平板载荷试验是在现场用一定面积的承压板逐级施加荷载，测定天然埋藏条件下浅层地基沉降随荷载的变化，用以评价承压板下应力影响范围内岩土的强度和变形特性。

一、试验原理

在拟建建筑场地上将一定尺寸和几何形状（方形或圆形）的刚性板安放在被测的地基持力层上，逐级增加荷载，由固定在基准梁上的变形量测装置测得相应的稳定沉降，直至达到地基破坏标准，由此可得到荷载-沉降（$p-s$）曲线。通过对 $p-s$ 曲线进行计算分析，可以得到地基土的承载力特征值和变形模量。典型的平板载荷试验 $p-s$ 曲线可以划分为3个阶段，如图1-1所示。

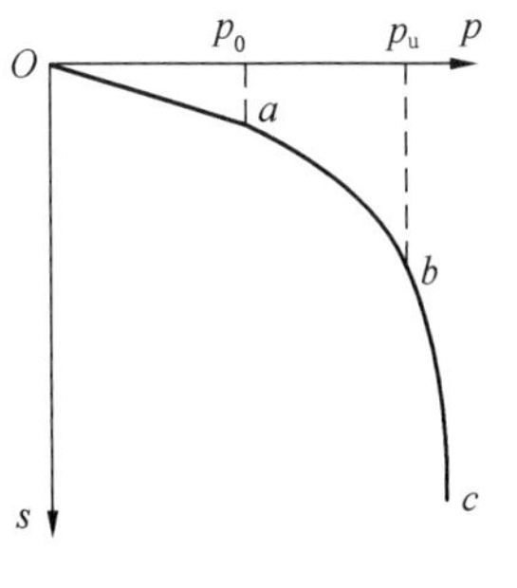

图1-1 浅层平板载荷试验 $p-s$ 曲线

1. 直线变形阶段

$p-s$ 曲线呈线性关系，此线性段的最大压力称为此时的界限 p_0。在直线变形阶段，受荷土体中任意点产生的剪应力小于土体的抗剪强度，土体的变形主要由土中空隙的压缩而引起，土体变形主要是竖向压缩，并随时间逐渐趋于稳定。

2. 剪切变形阶段

当荷载大于 p_0 而小于极限压力 p_u 时，$p-s$ 变为曲线关系，且斜率逐渐变大。在剪切变形阶段，$p-s$ 曲线的斜率随压力 p 的增大而增大，土体除了产生竖向压缩变形之外，在承压板边缘已有小范围内土体承受的剪应力达到或超过了土的抗剪强度，并开始向周围土体发展。处于该阶段土体的变形由土体的竖向压缩和土粒的剪切应变共同引起。

3. 破坏阶段

当荷载大于 p_u 时，即使荷载维持不变，沉降也会持续或急剧增大，始终达不到稳定标准。在破坏阶段，即使荷载不再增加，承压板仍会不断下沉，土体内部开始形成连续的滑动面，在承压板周围土体发生隆起及出现环状或放射状裂隙，此时在滑动土体的剪切面上各点的剪应力均达到或超过土体的抗剪强度。

二、试验设备

土体浅层平板载荷试验的试验设备由承压板、加荷装置和沉降观测装置三部分组成。土体浅层平板载荷试验装置如图 1－2 所示。

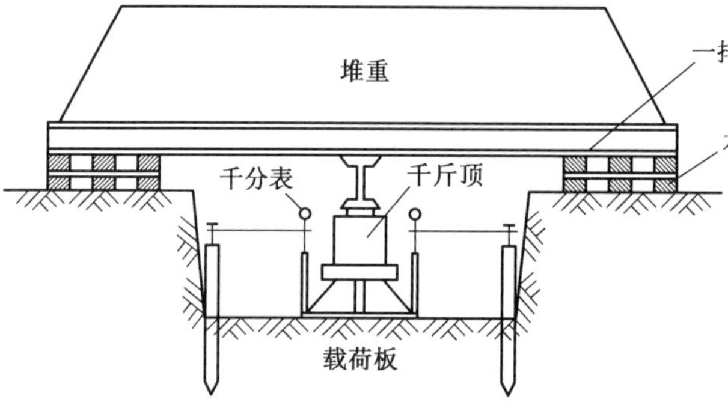

(a)堆重－千斤顶式

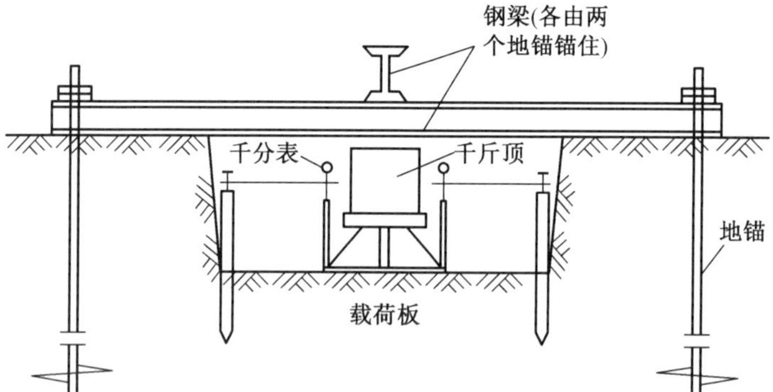

(b)地锚－千斤顶式

图 1－2　土体浅层平板载荷试验装置

1. 承压板

承压板是模拟基础传力给地基的装置。浅层平板载荷试验的承压板可采用圆形、正方形钢板或钢筋混凝土板，面积不应小于 0.25 m^2，对软土或粒径较大的填土不应小于 0.5 m^2，换填垫层和压实地基承压板面积不应小于 1.0 m^2，强夯地基承压板面积不应小于 2.0 m^2。

2. 加荷装置

加荷装置是指通过承压板对地基土施加额定荷载的装置。所施加的荷载通过承压板传递给地基土。加荷装置包括压力源（千斤顶、堆载物）、荷载台架、反力构架等。

3. 沉降观测装置

沉降观测装置由千分表及固定支架组成，或由沉降传感器及自动记录仪组成。

三、试验步骤及技术要求

载荷试验设备重、部件多、试验周期长，因此要格外注意人身和设备安全。不同类型的仪器都配有其性能和使用说明书，需有专人掌管、使用仪器。现仅就试验步骤及技术要求介绍如下。

1. 选择试验点

要考虑建筑物特点、要求和地基土的工程地质条件，以及勘察阶段试验点，试验点一般宜布置在重要建筑物部位、地基土主要持力层以及能够发挥地基潜力的关键土层上。载荷试验每个场地不宜少于 3 个，当场地内岩土体不均匀时应适当增加。浅层平板载荷试验应布置在基础底面标高处。

2. 检查设备

试验前检查仪器零部件性能是否正常，准备好电源、照明和试验用的各种工具和配件。

3. 开挖试坑

（1）开挖圆形或方形试坑。试坑底面试验标高处直径（或宽度）不应小于荷载承压板直径（或宽度）的 3 倍。

（2）当挖至距试验深度 15 ~20 cm 处停挖，作为预留保护层。

（3）在安装设备之前，挖去保护层，在试坑壁附近试验深度内取原状土样 2 个，修平试验面（严禁人站在试验面上），并在其上铺覆 1 ~2 cm 的中粗砂垫层。保证承压板水平就位并与土层均匀接触。当试验标高低于地下水位时，应先将水位降至试验高程以下，并在试坑底铺 5 cm 厚的砂垫层。安装设备后停止降水，待水位恢复后开始试验。

4. 安装设备

设备安装时应遵循先下后上、先中心后两侧的原则，即首先放置承压板，然后放置千斤顶于其上，再安装反力系统，最后安装观测系统。

5. 开始试验

经全面检查没有问题，便可开始试验。载荷试验的加载方式一般采用慢速维持荷载法。加荷分级一般取 10 ~12 级，并不应少于 8 级，采用分级加载。最大加载量不应小于设计要求的两倍。

各级荷载下的沉降观测和稳定标准：每级加载后，按间隔 10 min、10 min、10 min、15 min、15 min，以后为每隔半小时测读一次沉降量，当在连续两小时内，每小时的沉降量小于 0.1 mm 时，则认为已趋稳定，可加下一级荷载。

当出现下列情况之一时，即可终止加载：①承压板周围的土明显地侧向挤出；②本级荷载的沉降量大于前级荷载沉降量的 5 倍，荷载 - 沉降（$p-s$）曲线出现明显陡降；③在某级荷载下，24 h 沉降速率不能达到相对稳定标准；④总沉降量与承压板宽度或直径之比大于或等于 0.06，或者累计沉降量大于或等于 150 mm；⑤加载至要求的最大荷载且承压板沉降达到相对稳定标准。

四、试验资料整理

载荷试验的最后成果是通过对现场原始试验数据进行整理，并依据现有规范分析得出。载荷试验沉降观测记录是最重要的原始资料，不仅记录了沉降，还记录了荷载等级和其他载荷试验相关信息，如承压板形状、尺寸、载荷点的试验深度、试验深度处的土性特征，以及沉降观测千分表或传感器在承压板的位置等。整理数据绘制荷载－沉降（$p-s$）曲线（进行必要的修正）、沉降－时间对数（$s-\lg t$）曲线（图 1－3）和荷载对数－沉降对数（$\lg p-\lg s$）曲线。

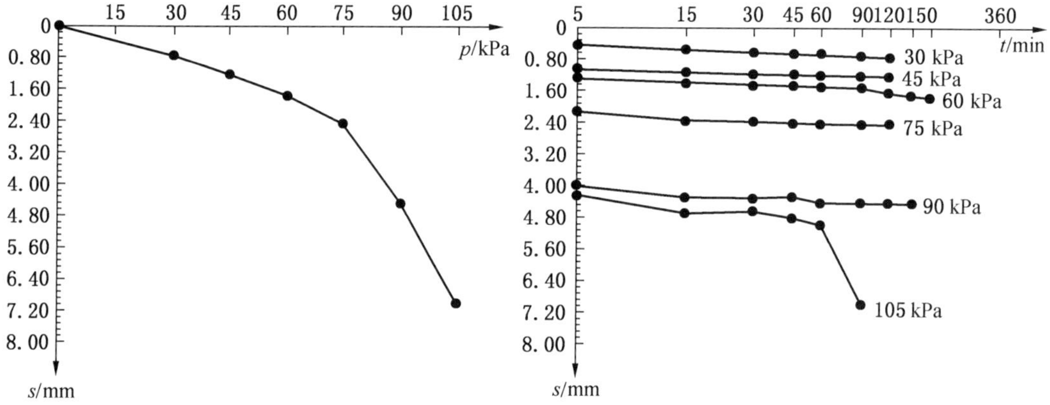

(a) p-s曲线　　(b) s-lgt曲线

图 1－3　$p-s$ 曲线和 $s-\lg t$ 曲线

1. 确定地基承载力特征值

（1）当 $p-s$ 曲线上有比例界限时，取该比例界限所对应的荷载值。

（2）当极限荷载小于对应比例界限荷载值的 2 倍时，取极限荷载值的一半。

（3）当满足终止加载第 5 款情况时，且 $p-s$ 曲线上无法确定比例界限，承载力又未达到极限时，地基土平板载荷试验应取最大载荷试验的一半所对应的荷载值。

（4）当按相对变形值确定天然地基及人工地基承载力特征值时，如承压板面积为 0.25～0.50 m^2，可根据土类及其状态取 $s/b=0.01\sim0.015$ 所对应的荷载，但其值不应大于最大加载量的一半。

同一土层参加统计的试验点不应少于 3 点，各试验实测值的极差（即最大值与最小值之差）不得超过其平均值的 30%，取此平均值作为该土层的地基承载力特征值（f_{ak}）。

2. 确定地基土的变形模量

土的变形模量应根据 $p-s$ 曲线的初始直线段，按均质各向同性半无限弹性介质的弹性理论计算。浅层平板载荷试验的变形模量可按下式计算：

$$E_0 = I_0(1-\mu^2)\frac{pd}{s} \tag{1-1}$$

式中　E_0——变形模量，MPa；

I_0——刚性承压板的形状系数，圆形承压板取 0.785，方形承压板取 0.886；

μ——土的泊松比，碎石土取 0.27，砂土取 0.30，粉土取 0.35，粉质黏土取 0.38，黏土取 0.42；

d——承压板直径或边长，m；

p——$p-s$ 曲线线性段的压力，kPa；

s——与 p 对应的沉降，mm。

第二节　土体原位直剪试验

直剪试验最早在一百多年前被 Alexandre Collin 用于边坡稳定研究。早期的直剪仪均为应力控制式，第一台现代的直剪仪是 1932 年 Casagrande 在哈佛大学设计的，Gilboy 于 1936 年在麻省理工学院将位移控制引入直剪仪中，从而得到了土体材料较为准确的应力 - 位移关系和峰值以后的强度特性。

目前常规的室内直剪仪一般都是应变控制式，试验时用环刀切出厚 20 mm 的圆形土饼，将土饼推入剪切盒内，分别在不同的垂直压力 p 下施加水平剪切力进行剪切，使试样在上下剪切盒之间的水平面上发生剪切直至破坏，求得破坏时的剪切应力 τ，根据莫尔 - 库仑定律确定土的抗剪强度参数（内摩擦角 φ 和黏聚力 c）。直剪试验所测试的岩土体抗剪强度，在工程应用中具有重要的参考价值。由于现场直剪试验土样的受剪面积比室内试验大得多，且又是在现场直接进行试验，因此较室内试验更能符合天然状态，得出的结果更加符合实际工程的技术要求。在铁路、公路、水利、矿石、建筑等多种行业，直剪试验越来越受到工程界的重视，国内外众多工程设计施工均将原位直剪试验作为测定土体抗剪强度指标的手段之一。

现场直剪试验分为抗剪断试验、抗剪试验和抗切试验三种类型（图 1 - 4）。抗剪断试验是指试体在法向应力作用下沿剪切面剪切破坏的直剪试验，抗剪试验（摩擦试验）是指试体剪断后沿剪切面继续剪切的直剪试验，抗切试验是指法向应力为零时对试体进行的直剪试验。

根据莫尔 - 库仑定律可得到这三种类型试验相应的强度指标——抗剪断强度、抗剪强度（摩擦强度）和抗切强度。

现场直剪试验适用于黏性土、粉土、砂土、碎石土以及它们所组成的混合土层，用于确定土体的抗剪强度参数和剪切刚度系数。由于试样尺寸大且在现场进行，能把土体的非均质性及软弱结构面对抗剪强度的影响更真实地反映出来，比室内土体试验更符合实际情况。

一、试验原理

原位直剪试验是测定土体抗剪强度的一种方法，通常是在现场某个位置制成几个土

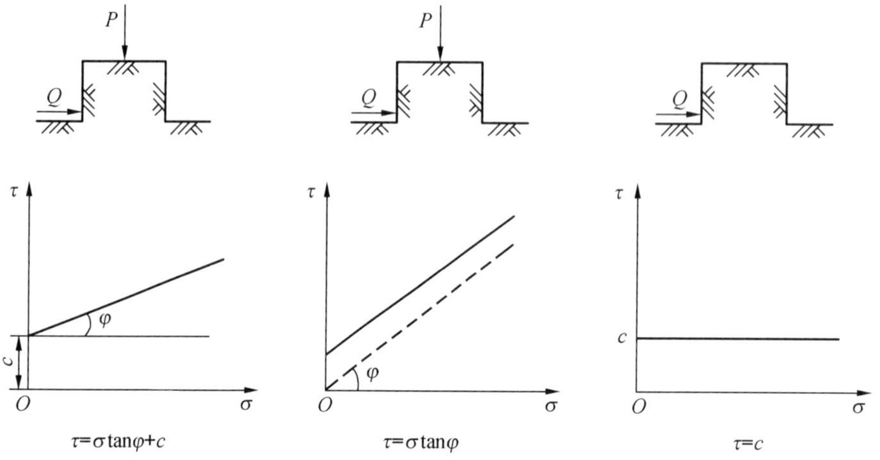

(a)抗剪断试验　(b)抗剪试验　(c)抗切试验

P—法向荷载；Q—剪切荷载；σ—剪切面上的法向压应力；φ—内摩擦角；c—黏聚力

图 1－4　现场直剪试验类型

样，用几种不同的垂直压力作用于试样上，然后施加剪切力，测得剪切应力与位移的关系曲线，从曲线上找出试样的极限剪切应力作为该垂直压力下的抗剪强度。通过几个试样的抗剪强度确定强度包线，求出抗剪强度参数 c、φ。直剪试验分为快剪、固结快剪和慢剪 3 种。

二、试验设备与安装

试验场地为防灾科技学院地下结构工程地质试验场，共 5 组试样，可同时开展 5 组平行试验。

（一）试验设备

土体原位直剪试验设备如图 1－5 所示。

1. 试体制备系统

手风钻（或切石机）、模具、人工开挖工具各 1 套。

2. 加荷系统

（1）液压千斤顶，2 台；根据岩土体强度，竖向千斤顶出力为 100 t，水平千斤顶出力为 50 t。

（2）油压泵（附压力表、高压油管、测力计等），2 台；电动式，对千斤顶供油用。

3. 传力系统

（1）高压胶管：若干（配有快速接头），输送油压用。

（2）传力柱：无缝钢管 1 套，要求钢管必须有足够的刚度和强度。材料为锰钢无缝钢管，外径 260 mm，内径 250 mm。长度为 0.8 m、0.6 m、0.5 m、0.3 m、0.1 m 各 1 根。总长度 2.1 m。传力柱为等距 4 孔法兰盘连接。

图1-5 土体原位直剪试验设备

（3）钢垫板：用45号钢制成，尺寸为480 mm×480 mm×15 mm，1套10块。

（4）土样套筒：用厚度15 mm、45号钢制成，尺寸为500 mm×500 mm×350 mm。

（5）滚轴排：1套，尺寸为500 mm×500 mm×350 mm。

4. 测量系统

（1）压力表：精度为一级的标准压力表1套，测油压用。

（2）千分表：4只。

（3）磁性表架：4只。

（4）测量表架：20A工字钢2根，每根长2.0 m。

（5）测量标点：混凝土墩4根。

（6）压力传感器：2个。

5. 反力系统

采用63C工字钢支架反力系统。

6. 记录系统

目前国内静载试验采用人工记录方式，经资料整理绘出应力-变形（$\sigma-\varepsilon$）曲线。其发展趋势是用绘图仪绘制 $\sigma-\varepsilon$ 曲线，提高记录精度，降低试验人员的劳动强度。我们设计的是用绘图仪绘制 $\sigma-\varepsilon$ 曲线的方式。

试验设备的连接顺序：加荷系统依次为电动油泵→稳压器→千斤顶→压力传感器→$X-Y$ 记录仪；变形观测设备依次为变形传感器→$X-Y$ 记录仪；反力系统依次为土样盒→承压板→滚轴排→承压板→传力柱→63C工字钢横梁。

为了与传统的试验方式对比试验结果，也预备了用千分表的人工记录方式的设备，与现在生产单位接轨，适应学生服务社会生产部门的工作要求。

关于本试验的试验步骤请参阅《岩土工程勘察规范》（GB 50021—2001）第10.9节。

（二）设备安装

总的安装顺序为：首先检查所有仪器设备，认为可靠后才能使用；其次标出垂直及剪切荷载安装位置后，先放置剪切盒，制备土样，安装法向荷载系统，后安装切向荷载系统，如图1-6所示。

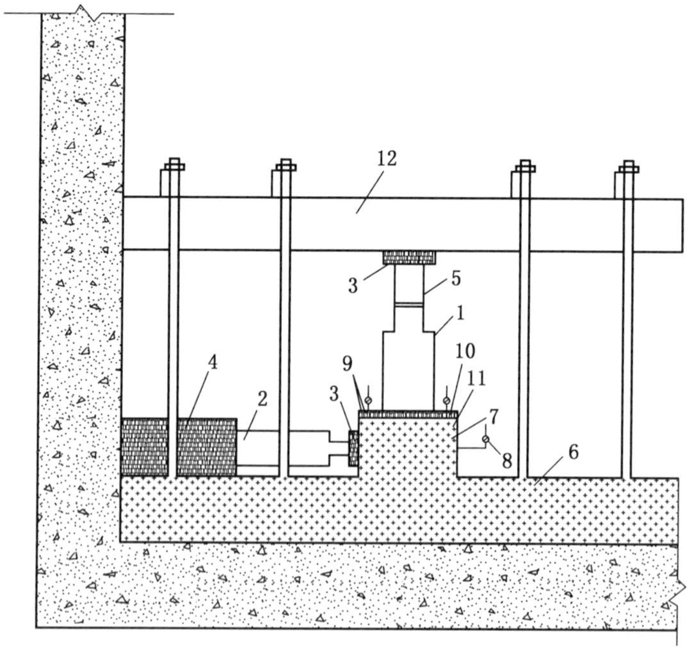

1—竖向千斤顶；2—水平千斤顶；3—钢垫板；4—刚性垫块；5—传力柱；6—重塑土；7—重塑土试样；8—位移计；9—加载垫板；10—滚轴排；11—剪切盒；12—63C工字钢

图1-6　土体原位直剪试验设备安装

1. 制备土样

制备土试样，土试样尺寸为500 mm×500 mm×350 mm，要求一组5个试样保证相同的含水量、密实度等。

2. 安装垂直加荷系统

在试体顶面铺一层橡皮板或砂浆地层，垫层上放传压钢板，并用水平尺找平，然后依次放置滚轴排、钢垫板、液压千斤顶、传力柱和顶部钢垫板等（滚轴排视具体情况也可以放于顶部）。

整个垂直加荷系统必须与剪切面垂直，垂直合力应通过剪切面中心。

3. 安装侧向剪切加荷系统

安装斜向千斤顶时，须严格定位。斜向推力作用方向与剪切面的夹角一般为12°~17°，一般用15°。使千斤顶的轴线穿过剪切面中心，力争剪切面受力均匀。

安装水平千斤顶时须严格定位，水平推力应通过预定的剪断面。当难以满足此要求时，着力点距剪切面距离应控制在试件边长（沿剪切方向）的5%以内，试验前应对此距离进行实测记录，供资料分析用。

4. 布置并安装测表

（1）混凝土试体两侧靠近剪切面的4个角点处，布置水平向和垂直向测表各4只，测量绝对变形。

（2）根据需要可在试体及其周围基岩面上，安装测量绝对位移和相对位移的测表。

（3）测表支架应牢固地安装于支点上，支点位于变形影响范围之外，最好是简支梁形式。

（4）支架固定后安装测表。

三、试验步骤及技术要求

1. 标定、检测仪器

试验前，根据对千斤顶（或液压枕）作的标定曲线和试体剪切面面积，计算施加的荷载和压力表读数对应关系。检查各测表的工作状态，测读初始读数。

2. 施加垂直荷载

（1）在每组（4~5个）试体上，分别施加不同的垂直荷载，加于试体上的最大垂直荷载以不小于设计法向应力为宜。当剪切面有软弱物充填时，最大法向应力以不挤出充填物为限。

（2）对每个试体分4~5级施加垂直荷载。加载用时间控制，每隔5 min加一次，加荷后立即读数，5 min后再读一次，即可施加下一级荷载。当加至预定荷载时，仍需每隔5 min读一次数，当连续两次垂直变形之差小于0.01 mm，即认为稳定，可以施加水平荷载。

3. 施加剪切荷载

（1）以时间控制：开始按最大剪切荷载的10%分级施加。隔5 min加荷一次，每级荷载施加前后各测读变形一次。当所加荷数引起的水平变形大于前一级的1.5~2倍时，剪切荷载减至按5%施加，直至剪断。临近剪断时，应密切注视和测记压力变化情况及相应的水平变形（压力与变形应同步观测），整个剪切过程中垂直荷载须始终保持常数。

（2）按变形控制：方法基本同上，只是每级剪切荷载施加后，每隔一定时间读数一次，直到最后相邻两次或三次测读的变形小于某一定值，即认为稳定，方可加下一级荷载。

4. 记录

(1) 试验前记录工程名称、土体名称、试体编号、试体位置、试验方法、混凝土强度、剪切面面积、测表布置、法向荷载、剪切荷载、法向位移、试验人员、试验日期等。

(2) 试验过程中详细记录碰表、调表、换表、千斤顶漏油补压以及混凝土或岩体松动、掉块、出现裂缝等情况。

(3) 试验结束后，翻转试体，测量实际剪切面面积。详细记录剪切面的破坏情况、破坏方式以及擦痕的分布、方向、长度，绘出素描图及剖面图，并照相。

四、试验资料整理

(一) 法向应力、剪切应力的计算

无论采用哪种试验方法，都应分别采用以下介绍的公式计算各级荷载下的法向应力和剪切应力：

法向应力：
$$\sigma = \frac{P}{F} + \frac{Q\sin\alpha}{F} \tag{1-2}$$

切向应力：
$$\tau = \frac{Q\cos\alpha}{F} \tag{1-3}$$

式中 P——剪切面上的总法向荷载，kN；

F——剪切面面积，m^2；

Q——作用于剪切面上的总斜向荷载，kN；

α——斜向荷载施力方向与剪切面之间的夹角，(°)。

(二) 试验曲线绘制

(1) 绘制剪应力－水平位移（$\tau-u_A$）曲线及剪应力－垂直位移（$\tau-\upsilon$）曲线，确定比例极限、屈服极限、峰值强度和残余强度，确定曲线破坏类型（图1－7）。也可以只绘制不同正应力下剪应力与剪切变形（水平变形）关系曲线（图1－8）。

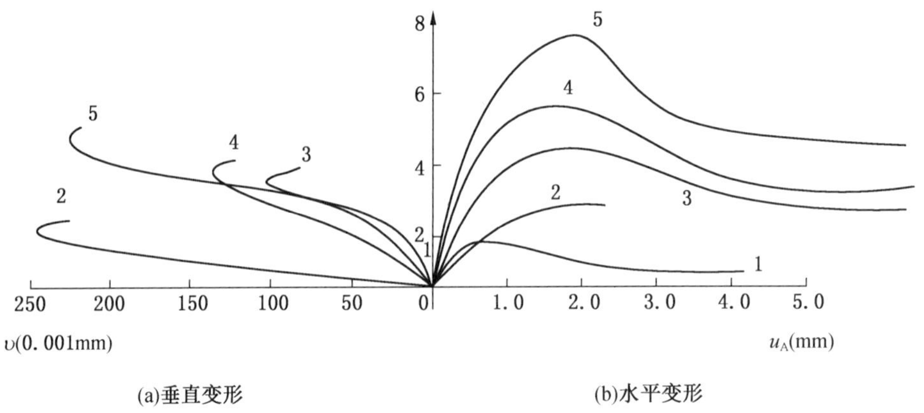

1、2、3、4、5—试体编号

图1－7 应力－应变关系曲线

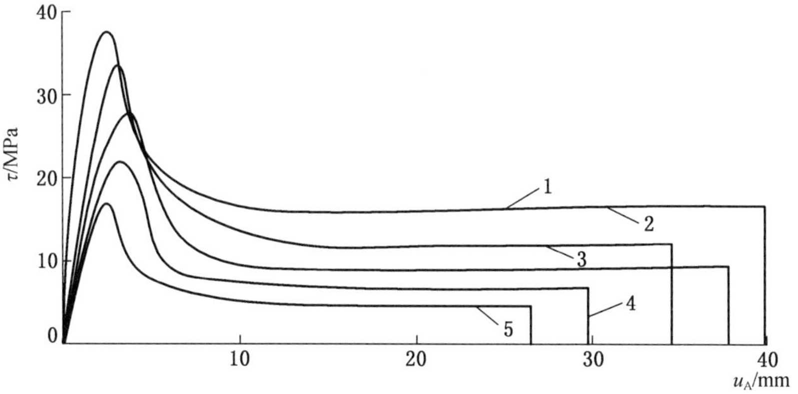

1—σ_1；2—σ_2；3—σ_3；4—σ_4；5—σ_5

图1-8 不同正应力下剪应力与剪切变形关系曲线

（2）视需要，绘制正应力-垂直位移（$\sigma-v$）曲线、剪应力-时间（$\tau-t$）曲线、时间-垂直位移-水平位移（$t-v-u$）曲线。

（3）确定与比例极限、屈服极限、峰值强度、残余强度及相对应的剪切变形和垂直变形，根据需要，分析各阶段剪切特征值（剪胀角、剪切刚度等）。

（4）绘制正应力-剪应力（$\sigma-\tau$）曲线（图1-9）。按莫尔-库仑定律求出黏聚力 c 和内摩擦角 φ。

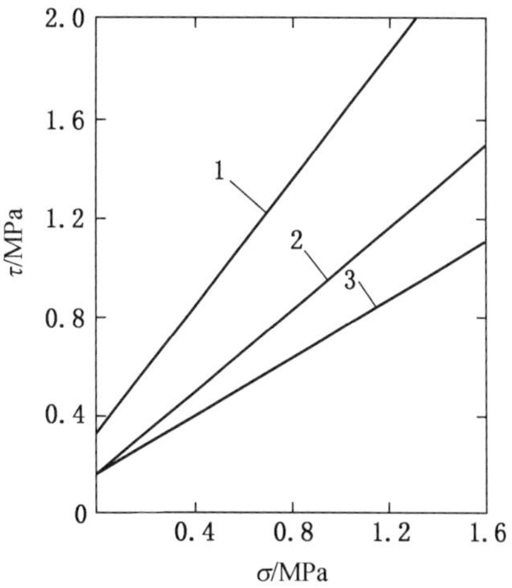

1—峰值；2—屈服强度；3—比例极限

图1-9 正应力-剪应力关系曲线

（三）抗剪强度参数的确定

确定抗剪强度参数，一般采用图解法或最小二乘法。

1. 图解法

根据试验结果中的剪应力与相应的垂直压应力分布点，作平均直线（或曲线），使其尽可能接近各点，舍弃偏离较远的个别点。由直线（或代表曲线的直线）的斜率及其在纵轴上的截距，确定摩擦因数 $\tan\varphi$ 和黏聚力 c。

2. 最小二乘法

通过已知数据，用最小二乘法拟合成一条直线，即 $\tau_f=c+\sigma\tan\varphi$，利用最小二乘原理，可计算出参数 c 和 $\tan\varphi$。

（四）误差分析

（1）剪切面平整度对抗剪强度有重要影响。

结合国内实践经验，规定制备的剪切面，其起伏差不大于剪切方向边长的1%～2%。

（2）在制备试体时，若软弱结构面或软弱岩石受到扰动，将严重影响测定成果。因此，在制备过程中应严格防止扰动试体，才能取得可信的试验结果。

（3）剪切过程中，垂直压应力保持常量并尽量使其均匀分布；平推法的剪力作用线与剪切面间存在偏距，加大了垂直压应力的分布不均，影响测定成果。因此，规定试验中偏距应严格控制在剪切面边长的5%以内。

（4）直剪试验的剪力施加速率有快速、时间控制和位移控制3种方式。国内经验表明，在屈服点以前，时间控制和位移控制得到的结果是一致的；但之后，位移持续发展，按位移就很难控制剪力施加速率，而采用时间控制便于掌握。

第三节　钻孔旁压试验

旁压试验是在现场钻孔中进行的一种水平向荷载试验。试验时将一个圆柱形的旁压仪放到钻孔内设计标高，加压使得旁压仪横向膨胀，根据读数可以得到钻孔横向扩张的体积－压力或应力－应变关系曲线，据此可用来估计地基承载力，测定土的强度参数、变形参数、基床系数，估算基础沉降、单桩承载力与沉降。

旁压试验于1930年起源于德国，最初是在钻孔内进行侧向载荷试验的仪器，这也是最早的单腔式旁压仪。1957年，法国工程师路易斯·梅纳研制成功三腔式旁压仪。旁压仪器包括预钻式、自钻式和压入式3种，国内外都是以预钻式为主。

通过对旁压试验成果进行分析，并结合地区经验，可以用于以下岩土工程目的：①对土进行分类；②评价地基土的承载力；③评价地基土的变形参数，进行沉降估算；④根据旁压曲线，可推求地基土的原位水平应力、静止侧压力系数和不排水抗剪强度等参数。

一、试验原理

预钻式旁压仪的原理是预先用钻具钻出一个符合要求的垂直钻孔，将旁压仪放入钻孔内的设计标高，然后进行旁压试验。

自钻式旁压仪是将旁压仪设备和钻机一体化，将旁压仪安装在钻杆上，在旁压仪的端部安装钻头，钻头在钻进时，将切碎的土屑从旁压仪（钻杆）的空心部位用泥浆带走，至预定标高后进行旁压试验。自钻式旁压仪的优越性就是最大限度地保证了地基土的原状性。

压入式旁压仪又分为圆锥压入式和圆筒压入式，都是用静力将旁压仪压入指定的试验深度进行试验。采用压入式旁压仪进行试验时，在压入过程中对周围有挤土效应，对试验结果有一定的影响。目前，国际上出现一种将旁压腔与静力触探探头组合在一起的仪器，在静力触探试验过程中可随时停止贯入进行旁压试验，从旁压试验的角度这应属于压入式。

旁压仪在工作时，由加压装置通过增压缸的面积变换，将较低的气压转换为较高压力的水压，并通过高压导管传至旁压仪，使旁压仪弹性膜膨胀导致地基孔壁受压而产生相应的侧向变形。其变形量可由增压缸的活塞位移值 S 确定，压力 P 由与增压缸相连的力传感器测得。根据所测结果，得到压力 P 和位移值 S 间的关系，即旁压曲线。从而得到地基土层的临塑压力、极限压力、旁压模量等有关土力学指标。

旁压试验可理想化为圆柱孔穴扩张课题，为轴对称平面应变问题。典型的旁压曲线（压力 P - 体积变化量 V 曲线或压力 P - 测管水位下降值 S）可分为三段（图 1-10）。

Ⅰ段（曲线 AB）：初步阶段，反映孔壁扰动土的压缩与恢复；

Ⅱ段（直线 BC）：似弹性阶段，压力与体积变化量大致成直线关系；

Ⅲ段（曲线 CD）：塑性阶段，随着压力增大，体积变化量逐渐增加至破坏。

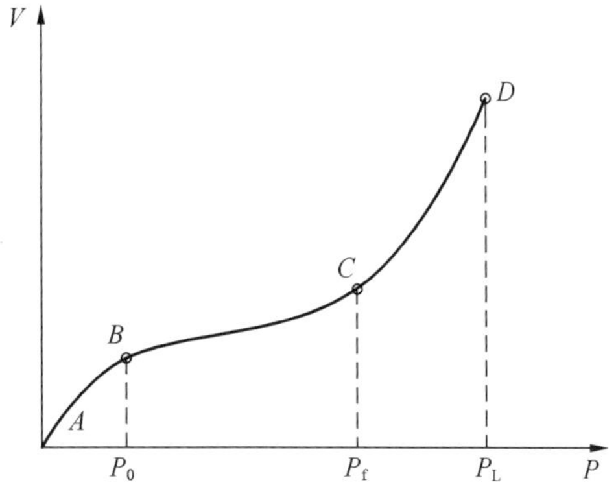

图 1-10 典型的旁压曲线

Ⅰ—Ⅱ段的界限压力相当于初始压力 P_0，Ⅱ—Ⅲ段的界限压力相当于临塑压力 P_f，Ⅲ段末尾渐近线的压力为极限压力 P_L。

依据旁压曲线似弹性阶段（BC 段）的斜率，由圆柱扩张轴对称平面应变的弹性理论解，可得旁压模量 E_M 和旁压剪切模量 G_M。

$$E_M = 2(1+\mu)\left(V_c + \frac{V_0 + V_f}{2}\right)\frac{\Delta P}{\Delta V} \tag{1-4}$$

$$G_M = \left(V_c + \frac{V_0 + V_f}{2}\right)\frac{\Delta P}{\Delta V} \tag{1-5}$$

式中 μ ——土的泊松比；

V_c——旁压仪的固有体积，cm^3；

V_0——与初始压力 P_0 对应的体积，cm^3；

V_f——与临塑压力 P_f 对应的体积，cm^3；

$\frac{\Delta P}{\Delta V}$——旁压曲线直线段的斜率。

二、试验设备

试验场地为防灾科技学院地下结构工程地质试验场，该场地可进行预钻式旁压试验。

旁压试验所需的设备主要由旁压仪、变形量测装置和加压稳压装置等部分组成，如图 1-11 所示。各设备的安装如图 1-12 所示。

1. 旁压仪

预钻式旁压仪为圆柱状结构，外部套有密封的弹性橡皮膜。一般分上、中、下三个腔体。中腔为主腔（测试腔，长 250 mm，初始体积为 491 mm^3），上、下腔以金属管相连通，为保护腔（各长 100 mm），与中腔隔离。

测试时，高压水从控制装置经管路进入主腔，使橡皮膜发生径向膨胀，压迫周围土体，

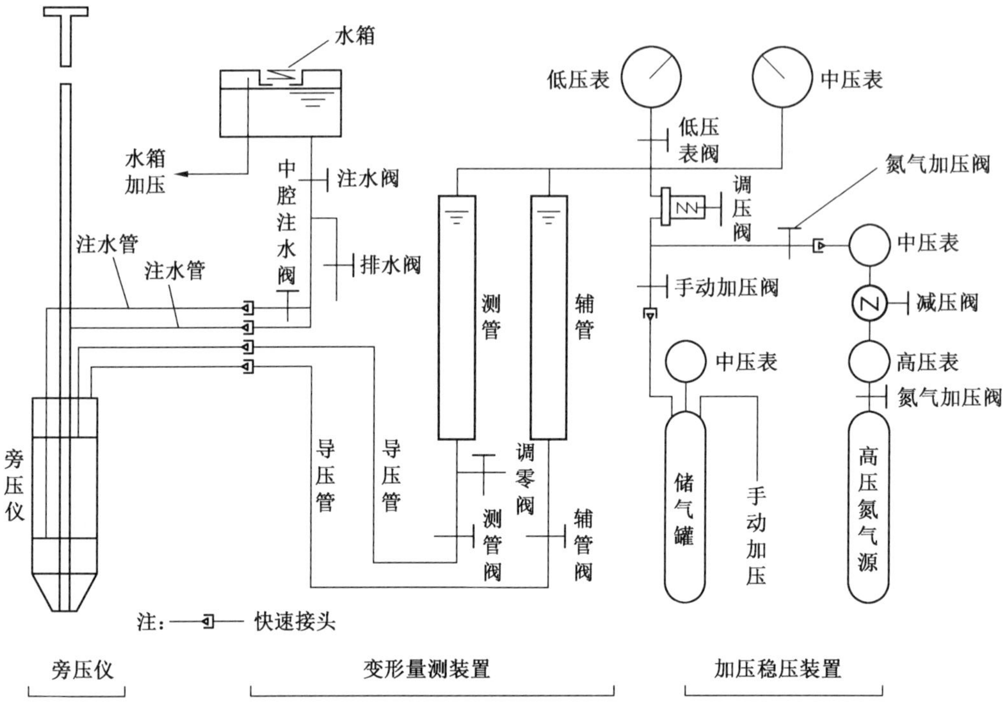

图 1－11　旁压试验设备示意图

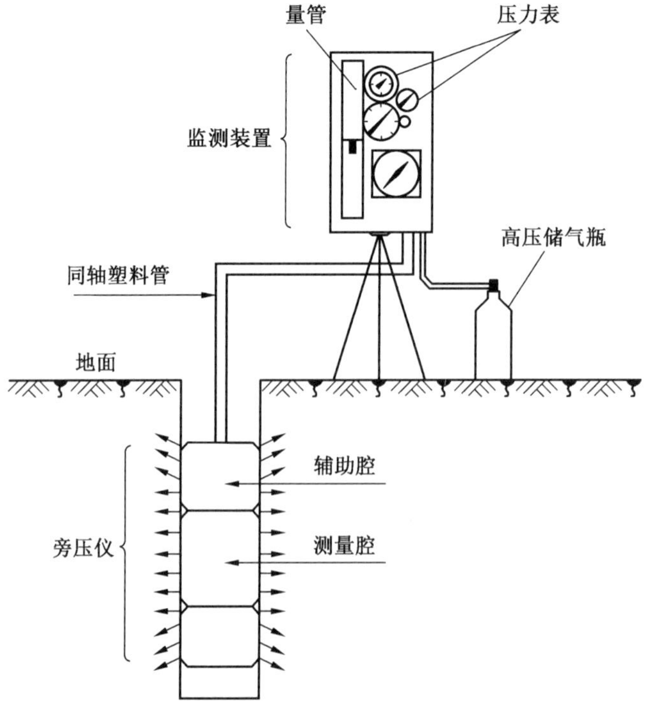

图 1－12　旁压试验设备安装示意图

得主腔压力与体积增量的关系。与此同时，以同样压力水向保护腔压入，这样，三腔同步向四周变形，以此保证主腔周围土体的变形呈平面应变状态。

2. 变形量测装置

变形量测装置的作用是测读和控制进入旁压仪的水量。变形量测装置由不锈钢储水筒、测管、位移和压力传感器、显示记录仪、精密压力表、同轴导压管及阀门等组成。测管和辅管都是有机玻璃管，最小刻度为 1 mm。

3. 加压稳压装置

加压稳压装置的作用是控制旁压仪给土体分级施加压力，并在试验规定的时间内自动精确稳定各级压力。加压稳压装置由高压储气瓶（氮气）、精密调压阀、压力表及管路等组成。管路主要由两根注水管和两根导压管组成。

三、试验步骤及技术要求

（一）试验前准备工作

使用前，必须熟悉仪器的基本原理、管路图和各阀门的作用，并按下列步骤做好准备工作。

（1）充水：向水箱注满蒸馏水或干净的冷开水，旋紧水箱盖。注意，试验用水严禁使用不干净水，以防生成沉积物而影响管道畅通。

（2）连通管路：用同轴导压管将仪器主机和旁压仪细心连接，连接好气源导管，旋紧。

（3）注水、排气：打开高压气瓶阀门并调节其上减压器，使其输出压力为 0.15 MPa 左右。将旁压仪竖置于地面，阀 1（注水阀）置于注水加压位置，阀 2（中腔注水阀）置于注水位置，阀 3（测管阀）置于排气位置，阀 4（辅管阀）置于试验位置。

旋转调压阀手轮，给水箱施加 0.15 MPa 左右的压力，以水箱盖中的橡皮膜受力鼓起为准，以加快注水速度。当水上升至（或稍高于）测管的“0”位时，关闭阀 2（中腔注水阀）、阀 1（注水阀），旋松调压阀，打开水箱盖。在此过程中，应不断晃动拍打导压管和旁压仪，以排出管路中滞留的气泡。

（4）调零：把旁压仪垂直提高，使其测量腔的中点与测管“0”刻度相齐平，小心地将阀 4（辅管阀）旋至调零位置，使测管水位逐渐下降至“0”位时，随即关闭阀 4（辅管阀），将旁压仪放好待用。

（5）检查：检查传感器和记录仪的连接等是否处于正常工况，并设置好试验时间标准。

（二）测试设备的标定、校正

标定测试设备是保证旁压试验正常进行的前提，标定共包括两项内容：弹性膜约束力标定、仪器综合变形标定。

1. 弹性膜约束力标定

标定的目的是确定在某一体积增量时消耗于弹性膜本身的压力值。标定前，适当加压（0.05 MPa）之后，当测管水位降至 36 cm 时，退压至零（旁压仪中腔的中点与测管水位齐平），使弹性膜呈不受压的状态，如此反复 5 次，之后开始校正。

校正时，按试验的压力增量（10 kPa）逐级加压，并按试验的测读时间（1 min 观测，读数时间为 15 s、30 s、60 s）记录测管水位下降值（或体积扩张值）。最后绘制压力 - 测管水位下降值（$P-S$）曲线，如图 1 - 13 所示。

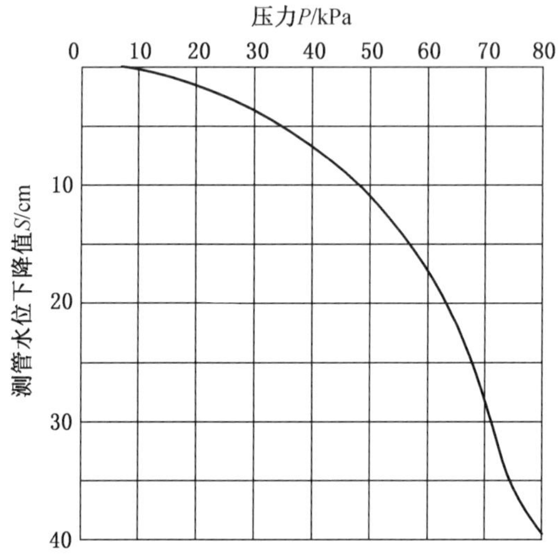

图 1 - 13　弹性膜约束力校正曲线示意图

2. 仪器综合变形标定

主要是标定量管中的液体在到达旁压仪主腔以前的体积损失位。此损失值主要是测管及管路中充满受压液体后所产生的膨胀。标定前将旁压仪放入一内径比旁压仪外径略大的厚壁钢管（校正筒）内，使旁压仪在侧限条件下分级加压，压力增量一般为 100 kPa，加压 5 ~7 级后终止试验。在各级压力下的观测时间与正式试验一样（即 15 s、30 s、60 s、120 s），测量压力与扩张体积的关系，通常为直线关系。取直线的斜率为综合变形校正系数 α，如图 1 - 14 所示。

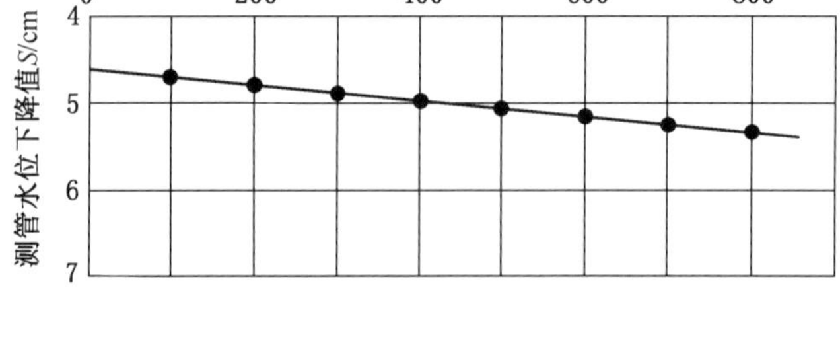

图 1 - 14　仪器综合变形校正曲线示意图

（三）保证钻孔成孔质量

针对不同性质的土层及深度，可选用与其相应的提土器或与其相适应的钻机钻头。例如，对于软塑－流塑状态的土层，宜选用提土器；对于坚硬－可塑状态的土层，可采用勺型钻；对于钻孔孔壁稳定性差的土层，宜采用泥浆护壁钻进。

对预钻式旁压试验，要求尽量减少孔壁土的扰动，使钻孔截面为完整的圆形，其孔径应略大于旁压仪外径，一般大 2～3 mm。对孔壁稳定性差的土层，宜采用泥浆护壁。成孔后应尽快进行试验以免缩孔，间隔时间一般不宜超过 15 min。

旁压试验的可靠性关键在于成孔质量的好坏，钻孔直径应与旁压仪的直径相适应，孔径太小，放入旁压仪会发生困难，或因放入而扰动土体；孔径太大，很大一部分能量消耗在孔穴上，无法进行试验，图 1－15 所示为成孔质量对旁压曲线的影响。预钻成孔的孔壁要求垂直、光滑，孔形圆整，并尽量减少对孔壁土体的扰动，保持孔壁土层的天然含水量。

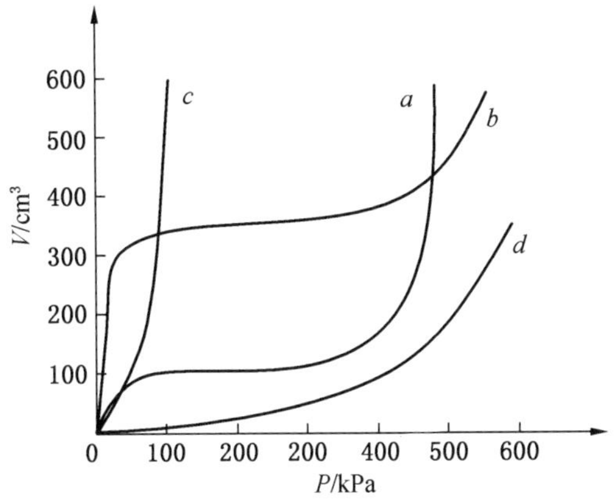

a 线—正常的旁压曲线；*b* 线—反映孔壁严重扰动，因旁压仪体积容量不够而迫使试验终止；
c 线—反映孔径太大，旁压仪的膨胀量有相当一部分消耗在孔穴体积上，试验无法进行；
d 线—钻孔直径太小，或有缩孔现象，试验前孔壁已受到挤压，故曲线没有前段

图 1－15 钻孔成孔质量示意图

（四）加荷等级和变形稳定标准

加荷等级一般为预计临塑压力的 1/5～1/7。各级压力增量可相等，也可不等；如不易预估，可根据我国行业标准《地基旁压试验技术标准》（JGJ/T 69—2019）确定，见表 1－1。

表 1－1 压力增量建议值

土类及状态	压力增量/kPa	
	临塑压力前	临塑压力后
淤泥、淤泥质土、流塑的黏性土、松散的粉细砂	≤15	≤30
软塑黏性土、疏松黄土、稍密粉土、稍密粉细砂、稍密中粗砂	15～25	30～50

表 1-1（续）

土类及状态	压力增量/kPa	
	临塑压力前	临塑压力后
可塑～硬塑黏性土、一般性质黄土、中密～密实粉土、中密～密实粉细砂、中密中粗砂	25～50	50～100
硬塑～坚硬黏性土、老黄土、密实粉土、密实中粗砂	50～100	100～200
中密～密实碎石土、极软岩	≥100	≥200
软质岩、强风化岩	200～500	≥500

变形稳定标准指每级压力下测体积变化的观测时间。各级压力下的观测时间，可根据土的特征等具体情况，采用 1 min 或 2 min，按下列时间顺序测记测量管的水位下降值 S。

观测时间为 1 min 时：15 s、30 s、60 s；

观测时间为 2 min 时：15 s、30 s、60 s、120 s。

（五）试验终止

当测管水位下降至接近 40 cm 或水位急剧下降无法稳定时，应立即终止试验，以防弹性膜胀破。可根据现场情况，采用下列方法之一终止试验。

1. 尚需进行试验时

当试验深度小于 2 m 时，可迅速将调压阀按逆时针方向旋至最松位置，使所加压力为零。利用弹性膜的回弹，迫使旁压仪内的水回至测管。当水位接近“0”位时，关闭阀 4（辅管阀），取出旁压仪。

当试验深度大于 2 m 时，将阀 2（中腔注水阀）置于注水位置。打开水箱盖，利用系统内的压力，使旁压仪里的水回至水箱备用。旋松调压阀，使系统压力为零，此时关闭阀 2（中腔注水阀），取出旁压仪。

2. 试验全部结束

将阀 2（中腔注水阀）置于排水位置，利用试验中当时系统内的压力将水排净后旋松调压阀。导压管快速接头取下后，应罩上保护套，严防泥沙等杂物带入仪器管道。

（六）注意事项

（1）一次试验必须在同一土层，否则，不但试验资料难以应用，而且当上、下土层差异过大时，会造成试验中旁压仪弹性膜破裂，导致试验失败。

（2）钻孔中取过土样或进行过标贯试验的孔段，由于土体已经受到不同程度的扰动，不宜进行旁压试验。

（3）试验点的垂直间距应根据地层条件和工程要求确定，但不宜小于 1 m；试验孔与已钻孔的水平距离也应不小于 1 m。

（4）在试验过程中，如由于钻孔直径过大或被测岩土体的弹性区较大时，可能水量不够，即岩土体仍处在弹性区域内，而施加压力尚未达到仪器最大压力值，且位移量已达到 320 mm 以上。此时，如继续试验，应补水。

（5）试验完毕，若较长时间不使用仪器，须将仪器内部所有水排尽，并擦净外表，放在阴凉、干燥处。

四、试验资料整理

（一）压力与测管水位下降的校正

绘制 $P-S$ 曲线前，要对原始资料进行整理，主要是对各级压力和相应的测管水位下降值进行校正。

（1）压力校正公式：

$$P = P_m + P_w - P_i \tag{1-6}$$

式中　P——校正后的压力，kPa；

P_m——压力表读数，kPa；

P_w——静水压力，kPa；

P_i——弹性膜约束力，可查弹性膜约束力校正曲线，kPa。

式（1-6）中 P_w 的计算应考虑无地下水和有地下水两种情况：

无地下水时　$$P_w = (h_0 + z)\gamma_w \tag{1-7}$$

有地下水时　$$P_w = (h_0 + h_w)\gamma_w \tag{1-8}$$

式中　h_0——测管水面离孔口的高度，cm；

z——地面至旁压仪中腔中点的距离，cm；

h_w——地下水位离孔口的距离，cm；

γ_w——水的密度，g/cm^3。

（2）测管水位下降值（或体积）校正公式：

$$S = S_m - \alpha(P_m + P_w) \tag{1-9}$$

$$V = V_m - \alpha(P_m + P_w) \tag{1-10}$$

式中　S、V——校正后的测管水位下降值、体积，cm、m^3；

S_m、V_m——实测测管水位下降值、体积，cm、m^3；

α——仪器综合变形校正系数，由仪器综合变形校正曲线查得，cm/kPa。

其他符号意义同前。

（二）旁压曲线的绘制

绘制修正后的压力 P 和测管水位下降值 S 曲线。国外常用 $P-V$ 曲线代替 $P-S$ 曲线，V 为测管内水的体积变化量。由 $P-S$ 曲线经换算后绘制 $P-V$ 曲线。换算公式为

$$V = AS \tag{1-11}$$

式中　V——换算后的体积变形量，cm^3；

A——测管内截面积，cm^2；

S——测管水位下降值，cm。

定坐标：在直角坐标系中，以 S（cm）为纵坐标、P 为横坐标，比例可以根据试验数据的大小自行选定。

根据校正后各级压力 P 和对应的测管水位下降值 S，分别将其确定在选定的坐标上，然后先连直线段并延长两端，与纵轴相交的截距即为 S_0；再用曲线板连曲线部分，定出曲线与直线段的切点，此点为直线段的终点。由此可绘制预钻式旁压曲线 $P-V$ 曲线，如

图 1 – 16 所示。

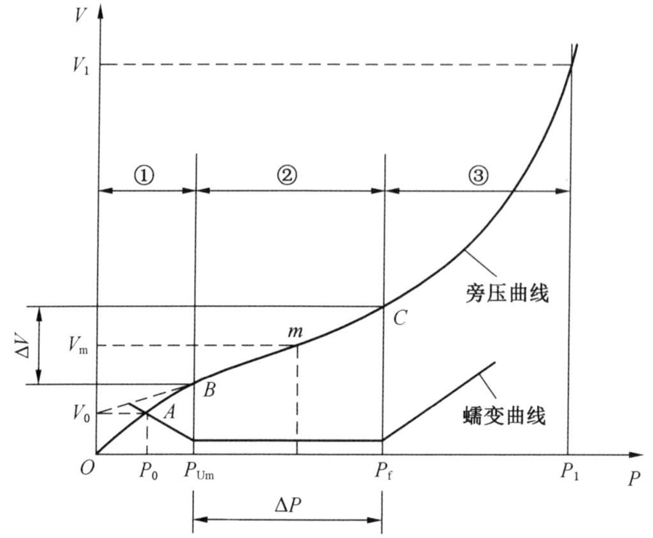

①段—首曲线段为初步阶段；②段—似弹性阶段，压力与体积变化量大致成直线关系；
③段—尾曲线段处于塑性阶段，随压力增大，体积变化量迅速增加

图 1 – 16　$P-V$ 旁压曲线

图中蠕变曲线为 $P-\Delta V_{60\sim30}$，其中 $\Delta V_{60\sim30}$ 为该压力下经 60 s 与 30 s 的体积差。

（三）特征压力值的确定

1. 原位水平土压力（初始压力）P_0

直线段延长与纵轴相交于 V_0（或 S_0），与 V_0（或 S_0）对应的压力为 P_0。

2. 临塑压力 P_f

有两种确定方法：一是直线段的终点所对应的压力为 P_f；二是按各级压力下 30 ~ 60 s 的体积增量 $\Delta S_{60\sim30}$ 或 30 ~ 120 s 的体积增量 $\Delta S_{120\sim30}$ 与压力 P 的关系曲线辅助分析确定，如图 1 – 17 所示。

3. 极限压力 P_L

1）手工外推法

凭眼力将曲线用曲线板加以延伸且与实测曲线光滑自然地连接，取 $S=2S_0+S_f$ 所对应的压力为极限压力 P_L。

2）倒数曲线法

把临塑压力 P_f 以后曲线部分各点的水位下降值 S 取倒数 $1/S$，与 S 所对应的压力 P 作 $P-(1/S)$ 关系曲线，此曲线为一近似直线。在直线上取 $1/(2S_0+S_f)$ 所对应的压力为极限压力 P_L。

（四）试验成果分析

1. 土的强度参数分析

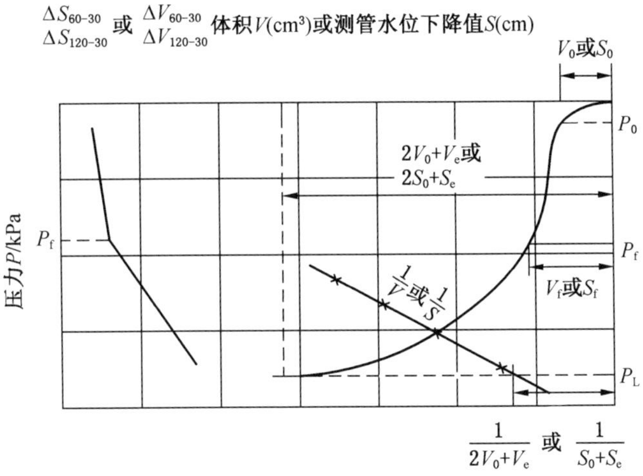

图 1－17　$P-S$ 旁压曲线

当孔壁压力达到土体临塑压力 P_f 时，孔壁土体开始进入塑性状态，此时不排水抗剪强度参数 c_u 由下式获得：

$$c_u = P_f - P_0 \tag{1-12}$$

当孔壁压力达到土体极限压力 P_L 时，旁压腔周围土体已形成一个塑性区，塑性区外围为弹性区，c_u 由下式确定：

$$c_u = \frac{P^*}{1 + \ln\left(\frac{G}{c_u}\right)} \tag{1-13}$$

式中　P^*——土的静极限压力，$P^* = P_L - P_0$，kPa；

G——剪切模量，kPa。

当孔壁压力界于临塑压力和极限压力之间时，由下式确定：

$$P = P_L + c_u \ln\left(\frac{\Delta V}{V}\right) \tag{1-14}$$

$$\Delta V = V - V_0$$

2. 砂土的有效内摩擦角

在砂土中进行旁压试验属于排水条件，由于砂土的变形涉及剪胀与剪缩问题，目前还没有方法能够比较精确地评价砂土的有效内摩擦角，沿用 Menard（法国，1970）提出的经验公式：

$$\varphi = 5.77\ln\left(\frac{P^*}{250}\right) + 24 \tag{1-15}$$

3. 土的变形参数分析

1）旁压模量 E_M

可按圆柱扩张轴对称平面应变的弹性理论解计算旁压模量和旁压剪切模量：

$$E_M = 2(1+\mu)\left(S_c + \frac{S_0 + S_f}{2}\right)\frac{P_f}{S_f - S_0} \tag{1-16}$$

$$G_M = \frac{E_M}{2(1+\mu)} \tag{1-17}$$

2）压缩模量 E_s、变形模量 E_0

由地区经验确定：如铁路工程地基土旁压试验与荷载试验对比，得出以下估算地基土变形模量的经验关系式。

变形模量：

$$\text{黄土}: E_0 = 3.723 + 0.00532G_M \tag{1-18}$$

$$\text{一般黏性土}: E_0 = 1.836 + 0.00286G_M \tag{1-19}$$

$$\text{硬黏土}: E_0 = 1.026 + 0.00480G_M \tag{1-20}$$

压缩模量（通过与室内试验成果对比，建立估算地基土压缩模量的经验关系式）：

$$\text{黄土}: E_s = 1.797 + 0.00173G_M \quad (h \leqslant 3.0\ \text{m}) \tag{1-21}$$

$$E_s = 1.485 + 0.00143G_M \quad (h > 3.0\ \text{m}) \tag{1-22}$$

$$\text{黏性土}: E_s = 2.092 + 0.00252G_M \tag{1-23}$$

上述各式中，G_M 为旁压剪切模量。

4. 侧向基床系数 K_M

采用下式估算侧向基床系数：

$$K_M = \frac{\Delta P}{\Delta R} \tag{1-24}$$

式中 ΔP——临塑压力与初始压力之差，$\Delta P = P_f - P_0$，kPa。

ΔR——临塑压力与初始压力对应的旁压仪径向位移，$\Delta R = R_f - R_0$，m。

（五）试验误差分析

1. 成孔质量

对预钻式旁压试验，成孔质量是试验成败的关键，除要求钻孔垂直、横截面呈圆形外，还要求：①钻孔大小必须与旁压仪直径相匹配；②孔壁土体要尽量少受扰动。

2. 加压方式

对预钻式旁压试验，加压等级选择不当会影响试验参数的确定，如过密则试验历时过长，过稀则不易获得 P_0 及 P_f 值。

加荷速率（或相对稳定时间）反映了排水条件，采用 1 min、2 min、3 min 的加荷速率，称为快速法；5 min、10 min 为慢速法。不同的加荷速率对极限压力值影响较大，一般采用快速法。

3. 孔壁土层扰动的影响

孔壁土层扰动对自钻式旁压试验成果有很大影响，其影响程度可通过比较自钻式与预钻式旁压曲线的特征值加以了解。法国曾在同一地点、同一深度做两类试验，结果如图 1－18 所示。由图可以看出：①自钻式旁压试验（SBPMT）的 P_0（55 kPa）小于预钻式旁压试验（PMT）的 P_0（73 kPa）；②两者的 P_f 值很接近，但其应变差别很大，故两者的旁压模量大不相同，自钻式的模量明显大于预钻式的（对黏土约大 2.6 倍）；③两者的

P_L 很接近。

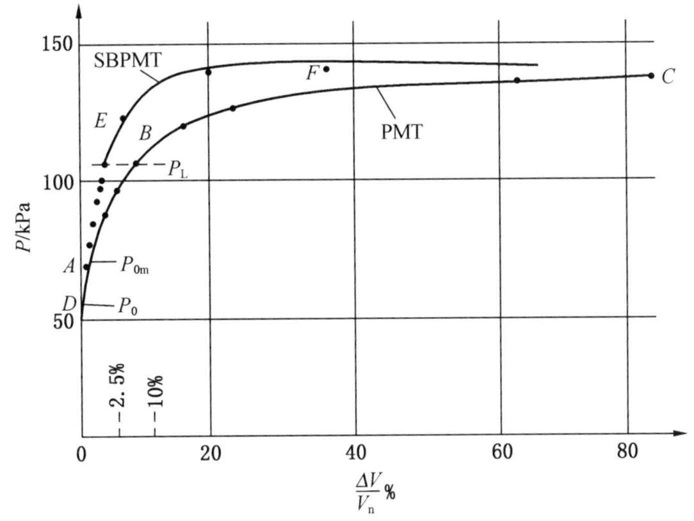

图 1-18 自钻式与预钻式旁压试验比较

第四节 圆锥动力触探试验

圆锥动力触探试验（dynamic penetration test，DPT）与标准贯入试验（stander penetration test，SPT）虽然锤击方式相同，但两者探头结构和探头在土中贯入过程、土的破坏模式以及试验操作方法、试验工艺、应用范围都有明显差别。因此将圆锥动力触探试验和标准贯入试验确定为两种不同的测试方法。由于它们均具有勘探和测试双重功能，均属动力触探，具有设备简单、操作方便、速度快、工效高、适用范围广等优点，故是岩土工程勘察中普遍使用的原位测试方法。

一、试验原理

圆锥动力触探试验和标准贯入试验都是利用一定的落锤能量，将与触探杆相连接的标准规格探头打入土中，根据打入土层的难易程度（表示贯入度或贯入力）来判断土的工程性质的原位测试方法。一般利用每贯入一定深度所需的锤击数——触探指标来确定各类土的承载力特征值，查明土层在水平和垂直方向上的均匀程度以及确定桩基持力层的位置和预估单桩承载力。

二、试验设备

圆锥动力触探的主要部件，根据其功能不同，一般可由以下几部分组成。

(1) 导向杆（包括上下导杆）。

（2）自动落锤装置。分内挂式和外挂式两种。内挂式是指提引器挂住重锤顶帽的内缘而提升，外挂式是指提引器挂住重锤顶帽的外缘而提升。

（3）落锤。钢质圆柱形，其高径比一般为1：1～1：2，中心圆孔直径比导杆外径大3～4 mm。

（4）锤座。国内常用规格为：轻型（N10）锤座直径为45 mm；重型与超重型锤座直径一般认为应小于穿心锤锤径的1/2，并大于100 mm。

（5）触探杆。长1～1.5 m。

（6）探头。重型、超重型动力触探探头如图1－19所示。

此外，圆锥动力触探试验的设备还包括动力机、承重架、提升设备、起拔设备等。安装设备时，锤座、导向杆与触探杆的轴中心必须成一直线。轻型圆锥动力触探试验设备如图1－20所示。

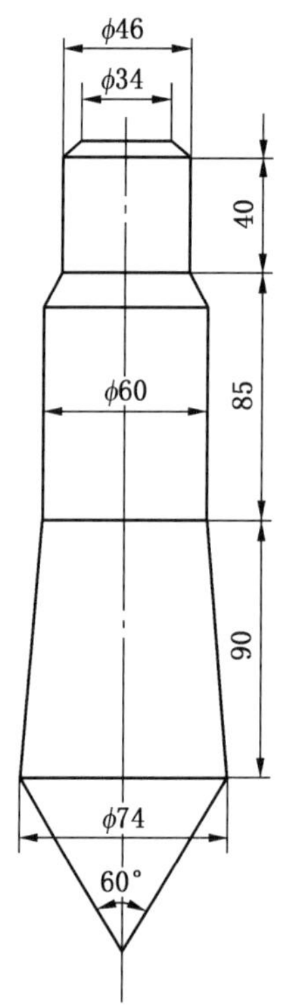

图1－19　重型、超重型动力触探探头

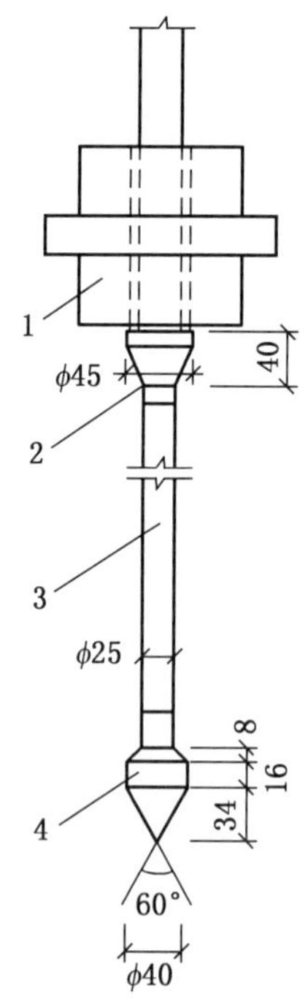

1—穿心锤；2—锤垫；3—触探杆；4—圆锥头

图1－20　轻型圆锥动力触探试验设备

三、试验步骤及技术要求

1. 轻型圆锥动力触探

（1）先用轻便钻具钻至试验土层标高以上0.3 m处，然后将探头与触探杆放入孔内到位，保持触探杆垂直。

（2）将 10 kg 的穿心锤提升到(50 ±2)cm 高度,使其自由下落,将探头竖直打入土层中。

（3）记录每贯入 30 cm 的锤击数 N_{10}。

（4）如遇密实坚硬土层，当贯入 0. 30 m 所需锤击数超过 100 击或贯入 0. 15 m 超过 50 击时，即可停止试验。N_{10}可用贯入深度及其对应锤击数换算。

2. 重型、超重型圆锥动力触探

（1）试验前将触探架安装平稳，使触探保持垂直进行。

（2）贯入时，重型穿心锤提升到 76 cm 高度；超重型穿心锤提升到 100 cm 高度，然后使其自由落下，将探头打入土中。

（3）锤击速率宜为 15 ~30 击/min。打入过程应尽可能连续，所有超过 5 min 的间断都应在记录中予以注明。

（4）记录每贯入 10 cm 的锤击数。重型为 $N_{63.5}$，超重型为 N_{120}。

（5）重型和超重型可以互换使用。当重型实测击数 $N_{63.5}$> 50 击/min 时，宜改用超重型；当重型实测击数 $N_{63.5}$< 5 击/min 时，不得采用超重型。

四、试验资料整理及成果应用

1. 试验资料整理

（1）检查核对现场记录，整理出 N_{10}、$N_{63.5}$、N_{120}触探指标。

对于重型、超重型触探击数的整理，《铁路工程地质原位测试规程》(TB 10018—2018）要求进行杆长修正。

（2）绘制单孔连续圆锥动力触探锤击数与贯入深度关系曲线或直方图,即 $N_{10}-h$、$N_{63.5}-h$、$N_{120}-h$ 关系图。图 1 -21 所示为重型圆锥动力触探 $N_{63.5}-h$ 关系曲线和直方图。

（3）根据 $N_{10}-h$、$N_{63.5}-h$、$N_{120}-h$ 曲线形态,结合钻探资料对地基土进行力学分层。

上为硬土层，下为软土层时超前 0. 5 ~0. 7 m，滞后约 0. 2 m；上为软土层，下为硬土层时超前 0. 1 ~0. 2 m，滞后 0. 3 ~0. 5 m。

（4）计算土层的触探指标平均值。根据各孔分层的贯入指标平均值，用厚度加权平均法计算场地分层贯入指标平均值和变异系数。不间断贯入时超前滞后影响范围内的锤击数、间断贯入时临界深度以内的锤击数均不反映真实土性，不应参加统计。

（5）计算动贯入阻力 q_d。随着圆锥动力触探经验的积累，已经用动贯入阻力 q_d 作为触探成果指标，可采用荷兰的动力公式进行计算：

$$q_d=\frac{M}{M+m}\cdot\frac{MgH}{Ae} \tag{1-25}$$

式中 q_d——动贯入阻力，kPa；

M——落锤质量，kg；

m——圆锥探头及杆件系统（包括探头、触探杆、锤座和导向杆）的质量，kg；

H——落距，m；

A——圆锥探头截面积，cm^2；

e——贯入度（$e=D/N$，其中 D 为规定贯入深度，mm；N 为规定贯入深度的击数），mm；

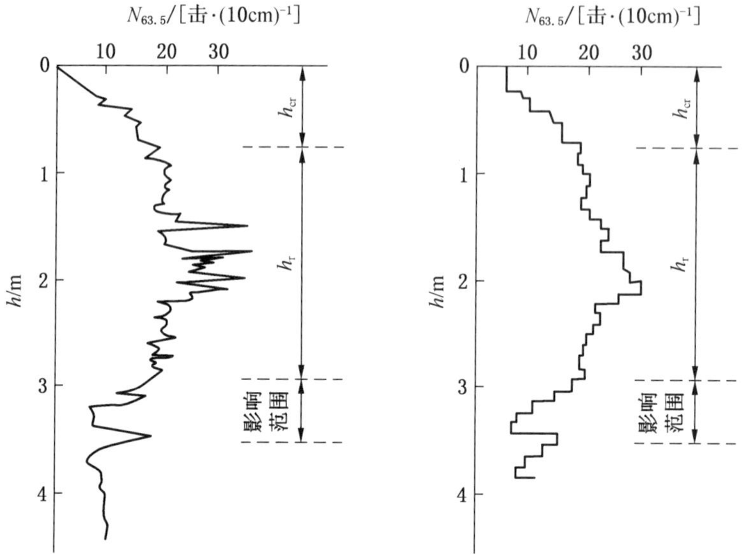

(a) $N_{63.5}$–h关系曲线　　(b) $N_{63.5}$–h关系直方图

h—贯入深度；h_{cr}—临界深度；h_r—有效厚度

图 1－21　$N_{63.5}-h$ 关系图

g——重力加速度，9.81 m/s^2。

（6）绘制动贯入阻力－贯入深度（q_d-h）曲线。

因为计算公式是建立在古典的牛顿非弹性碰撞理论（不考虑弹性变形量的损耗）基础上，故仅限于以下情况：入土中深度小于 12 m，贯入度 e 在 2～50 mm；圆锥探头及杆件系统质量与落锤质量之比（m/M）小于 2。

如果实际情况与上述适用条件出入大，则计算时应慎重用（1）～（4）；若正常情况可用（5）、（6），并用 q_d 与相应的深度 h 绘制 q_d-h 曲线，进行地基土力学分层，确定承载力特征值。

2. 试验成果应用

（1）划分土类或土层剖面。由圆锥动力触探击数（N_{10}、$N_{63.5}$、N_{120}）可粗略划分土类或土层剖面。一般来说，锤击数越小，土的颗粒越细；锤击数越大，土的颗粒就越粗。在某一地区进行多次实践后，就可以建立起当地土类型与锤击数之间的关系。这种关系在锤击数与地层深度关系曲线上表现出一定的规律性。按曲线形状，考虑“超前”和“滞后”反应，将触探锤击数相近段划分为一层，按每一层的锤击数平均值定出土层名称。

（2）在地区性的经验基础上，根据触探成果指标平均值确定砂土的孔隙比、相对密度，粉土、黏性土的稠度状态，估算土的强度、变形参数和地基土承载力（表 1－2、表 1－3、表 1－4）以及单桩承载力，评价场地土均匀性，查明土洞、滑动面、软硬土层界面，检测地基处理效果。

表1-2 轻型圆锥动力触探确定素填土承载力特征值

$\overline{N}_{10}$/[击·(30 cm)$^{-1}$]	10	20	30	40
f_{ak}/kPa	85	115	135	160

表1-3 轻型圆锥动力触探确定黏性土承载力特征值

$\overline{N}_{10}$/[击·(30 cm)$^{-1}$]	15	20	25	30
f_{ak}/kPa	100	140	180	220

表1-4 重型圆锥动力触探确定中砂~砾砂土、碎石类土承载力特征值

$\overline{N}_{63.5}$/[击·(10 cm)$^{-1}$]		3	4	5	6	7	8	9	10	12	14
f_{ak}/kPa	中砂~砾砂土	120	150	180	220	260	300	340	380	—	—
	碎石类土	140	170	200	240	280	320	360	400	480	540
$\overline{N}_{63.5}$/[击·(10 cm)$^{-1}$]		16	18	20	22	24	26	28	30	35	40
f_{ak}/kPa	碎石类土	600	660	720	780	830	870	900	930	970	1000

第五节 静力触探试验

静力触探试验（cone penetration test，CPT）适用于软土、一般黏性土、粉土、砂土和含少量碎石的土。根据工程需要采用单桥探头、双桥探头或带孔隙水压力量测的单、双桥探头，可测定比贯入阻力(p_s)、锥尖阻力(q_c)、侧壁摩阻力(f_s)和贯入时的孔隙水压力(u)。孔压静力触探试验（piezocone penetration test）除具有静力触探试验原有功能外，还在探头上附加了孔隙水压力量测装置，主要用于量测孔隙水压力的增长与消散。

一、试验原理

静力触探试验是用静力匀速将标准规格的圆锥形探头压入土层中，同时量测探头阻力，测定土的力学特性的一种原位测试方法，它具有勘探和原位测试双重功能。

二、试验设备

（一）贯入系统

贯入系统包括触探主机、触探杆及反力装置。

1. 触探主机

国内常用的触探主机按力的传动方式分为液压传动和机械传动两类。

液压传动式最大贯入行程一般为0.5~1.0 m。贯入力大于80 kN，以车装式为主。其特点是贯入速度均匀、稳定、加压能力大，适用于一般黏性土、硬黏土和较密实的砂类土的深层静力触探试验。

机械传动式有电动丝杆和手摇链式两种。电动丝杆式触探主机机械摩阻力较小，传递

效率可高达90%以上，贯入力较大，主要适用于一般黏性土和砂类土；手摇链式触探主机是一种轻型装置，它是以人力转动手柄将探头压入土中，贯入速率可人为控制，提升速度是靠改变手柄位置来加快，贯入力一般小于30 kN，只适用于浅层松软的黏性土层。

2. 触探杆

触探杆是传递贯入力的媒介。为保证触探孔平直，触探杆应采用高强度的无缝钢管制成。每根触探杆的长度一般为1 m。其直径一般与锥头底面直径相同。

3. 反力装置

反力装置的作用是固定触探主机，提供探头在贯入过程中所需的反力。一般利用车辆自重或地锚作为反力装置。

（二）探头

探头是静力触探试验设备中直接影响试验成果准确性的关键部件，有严格的规格与质量要求。工程实践中主要使用的探头有只能测比贯入阻力的综合型单桥探头、可测锥尖阻力与侧壁摩阻力的双桥探头以及可测比贯入阻力、锥尖阻力与侧壁摩阻力、孔隙水压力的孔压探头三种。探头的圆锥锥底截面积，国际通用为10 cm^2。国内许多勘察单位使用15 cm^2 的探头。《岩土工程勘察规范》(GB 50021—2001)(2009年版）规定：探头圆锥锥底截面积应采用10 cm^2 或15 cm^2。尽管10 cm^2 与15 cm^2 的贯入阻力相差不大，但在同样的土质条件和机具贯入能力情况下，10 cm^2 比15 cm^2 的探头贯入能力更大。为了和国际标准接轨，应尽可能使用10 cm^2 探头。

此外，规范还规定10 cm^2 或15 cm^2 单桥探头侧壁高度应分别为57 mm或70 mm。双桥探头侧壁面积应采用150～300 cm^2，锥尖锥角应用60°。常用探头规格见表1－5。

表1－5 常用探头规格

探头种类	型号	锥头			摩擦筒或套筒		标准
		顶角/(°)	直径/mm	表面积/cm^2	长度/mm	表面积/cm^2	
单桥	Ⅰ－1	60	35.7	10	57		中国标准
	Ⅰ－2	60	43.7	15	70		
双桥	Ⅱ－0	60	35.7	10	133.7	150	国际标准
	Ⅱ－1	60	35.7	10	179	200	
	Ⅱ－2	60	43.7	15	219	300	
孔压		60	35.7	10	133.7	150	国际标准
		60	43.7	15	179	200	

1. 单桥探头

单桥探头（图1－22）是我国所特有的一种探头形式。它是将锥头与外套筒紧密固定地连在一起，因而只能测量一个参数，即比贯入阻力（p_s）。

2. 双桥探头

双桥探头（图1－23）是一种将锥头与摩擦筒分开，可以同时测量锥头阻力(q_c)和侧壁摩阻力(f_s)两个参数的探头，国内外普遍使用。

3. 孔压探头

孔压探头（图1－24）一般是指在双桥探头上再安装一种可测贯入时产生的超孔隙水压力的量测装置。也有在单桥探头上安装量测超孔隙水压力的孔压探头。

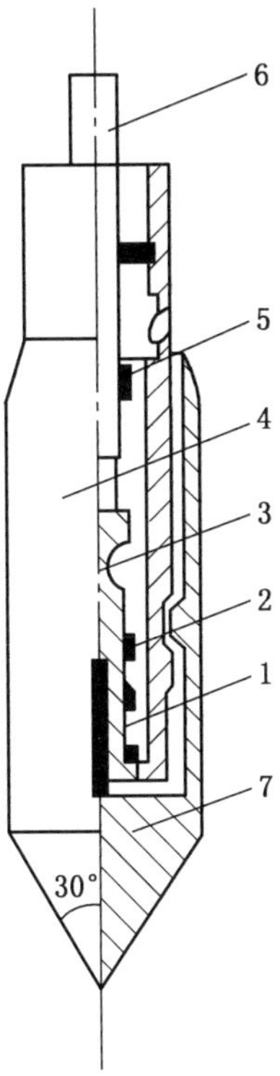

1—顶柱；2—电阻片；3—变形柱；4—探头筒；5—密封圈；6—电缆；7—锥头

图1－22 单桥探头

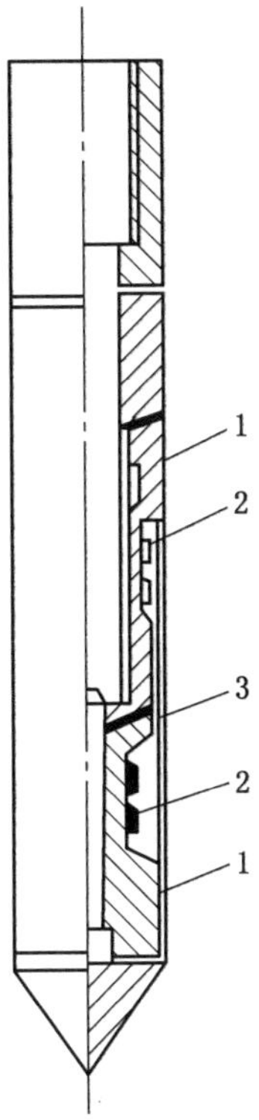

1—变形柱；2—电阻片；3—摩擦筒

图1－23 双桥探头

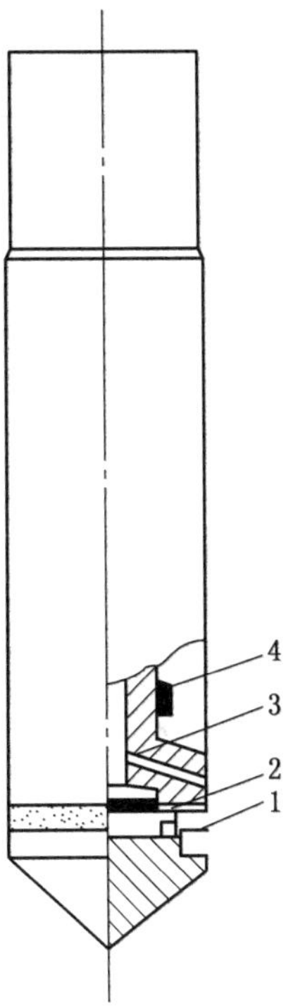

1—过滤片；2—孔压传感器；3—变形柱；4—电阻片

图1－24 孔压探头

（三）量测系统

量测系统包括各种量测记录仪表与电缆线等。量测系统有间断测记和连续自动测记两种。前者一般用静态电阻应变仪或数字测力仪测记；后者利用电子电位差计（自动记录仪）或计算机装置测记、存储数据，并在测记的同时或稍后按需要进行数据处理、计算和绘图。

三、试验步骤及技术要求

1. 仪器设备的检定和校准

主要包括探头的标定和量测仪器、主机速率的校准。

2. 现场操作要点

（1）平整试验场地，设置反力装置。

（2）把根据测试要求和地层软硬情况选用的探头与电缆线、量测仪器连接，并调试到正常工作状态。

（3）贯入前应试压探头，检查顶柱、锥头、摩擦筒等部件工作是否正常。当测孔隙水压力时，应使孔压传感器透水面饱和。正常后将连接探头的触探杆插入导向器内，调整垂直并紧固导向装置，并保证探头垂直贯入土中。启动动力设备并调整到正常工作状态。

（4）采用自动记录仪时，应安装深度转换装置，并检查卷纸机构运转是否正常；采用静态电阻应变仪或数字测力仪时，应设置深度标尺。

（5）将探头按(1.2 ±0.3)m/min（国际标准 1.2 m/min）的速率匀速贯入土中 0.5 ~ 1 m（冬季应超过冻结线）。然后稍许提升，使探头传感器处于不受力状态。待探头温度与地温平衡后（仪器零位基本稳定），将仪器调零或记录初读数，即可进行正常贯入。在深度 6 m 内，一般每贯入 1 ~ 2 m 应提升探头检查回零情况；6 m 以下每贯入 5 ~ 10 m 应提升探头检查回零情况；出现异常时应检查原因并及时处理。

（6）贯入过程中，当采用自动记录仪时，应根据贯入阻力大小合理选用供桥电压，并随时核对，校正深度记录误差；使用静态电阻应变仪或数字测力仪时，一般每隔 0.1 ~ 0.2 m 记录读数 1 次。

（7）当贯入深度超过 30 m 或穿过厚层软土后再贯入硬土层时，应采取措施防止孔斜或断杆，也可配置测斜探头，量测触探孔的偏斜角，校正土层界线的深度。

（8）孔压探头在贯入前应在室内保证探头应变腔为已排除气泡的液体所饱和，并在现场采取措施保持探头的饱和状态，直至探头进入地下水位以下的土层为止；在孔压静探试验过程中应注意不得上提探头，不得松动触探杆；当在预定深度进行孔压消散试验时，应量测停止贯入后不同时间的孔压值，其计时间隔由密而疏合理控制。

（9）当贯入预定深度或出现下列情况之一时，应停止贯入：①触探主机负荷达额定荷载的 120%；②贯入时触探杆出现明显弯曲；③反力装置失效；④探头负荷达额定荷载；⑤记录仪显示异常。

（10）到达预定试验深度后，测记不归零读数后拆除设备。

四、试验资料整理

（1）对原始数据进行检查与校正。当有零点漂移时，一般回零段内按线性内插法进行校正。当记录深度与实际深度有误差时，应按线性内插法进行调整。

（2）整理或按下式计算比贯入阻力 p_s、锥头阻力 q_c、侧壁摩阻力 f_s、摩阻比 R_f 及孔隙水压力 u：

$$p_s = k_p \cdot \in_p \tag{1-26}$$

$$q_c = k_q \cdot \in_q \tag{1-27}$$

$$f_s = k_f \cdot \in_f \tag{1-28}$$

$$u = k_u \cdot \in_u \tag{1-29}$$

$$R_f = \frac{f_s}{q_c} \tag{1-30}$$

式中　k_p、k_q、k_f、k_u——与 p_s、q_c、f_s、u 对应的探头标定系数，$kPa/\mu_{\in}$；

$\in_p$、$\in_q$、$\in_f$、$\in_u$——单桥探头、双桥探头、摩擦筒及孔压探头传感器的应变量。

（3）对单桥和双桥探头应沿测试深度（z）测制比贯入阻力－深度（p_s-z）曲线、锥头阻力－深度（q_c-z）曲线、侧壁摩阻力－深度（f_s-z）曲线和摩阻比－深度（R_f-z）曲线。

（4）对孔压探头应绘制比贯入阻力－深度（p_s-z）曲线、锥头阻力－深度（q_c-z）曲线、侧壁摩阻力－深度（f_s-z）曲线和摩阻比－深度（R_f-z）曲线。尚应绘制初始空压－深度（u_i-z）曲线、真锥头阻力－深度（q_t-z）曲线、真侧壁阻力－深度（f_t-z）曲线、静探孔压系数－深度（B_q-z）曲线、孔隙水压－时间对数（$u_t-\lg t$）曲线。其中 q_t 为真锥头阻力（经孔压修正）；f_t 为真侧壁阻力（经孔压修正）；B_q 为静探孔压系数。

（5）对孔压探头，按下式估算静探水平向固结系数 C_{ph}：

$$C_{ph}=\frac{R^2}{t_{50}}T_{50} \tag{1-31}$$

式中　T_{50}——与圆锥几何形状、过滤片位置有关的相应于孔隙压力消散度 50% 的时间因数（对锥角 60°、截面积为 10 cm^2、过滤片位于锥底处的孔压探头，相应的 $T_{50}=5.6$）；

R——探头圆锥底半径，cm；

t_{50}——实测孔隙水压力消散度达 50% 经历的时间，s。

如果静力触探设备配有自动记录曲线装置或由计算机处理测试数据，则以上成果整理可自动完成。静力触探成果曲线及其相应土层划分如图 1－25 所示。

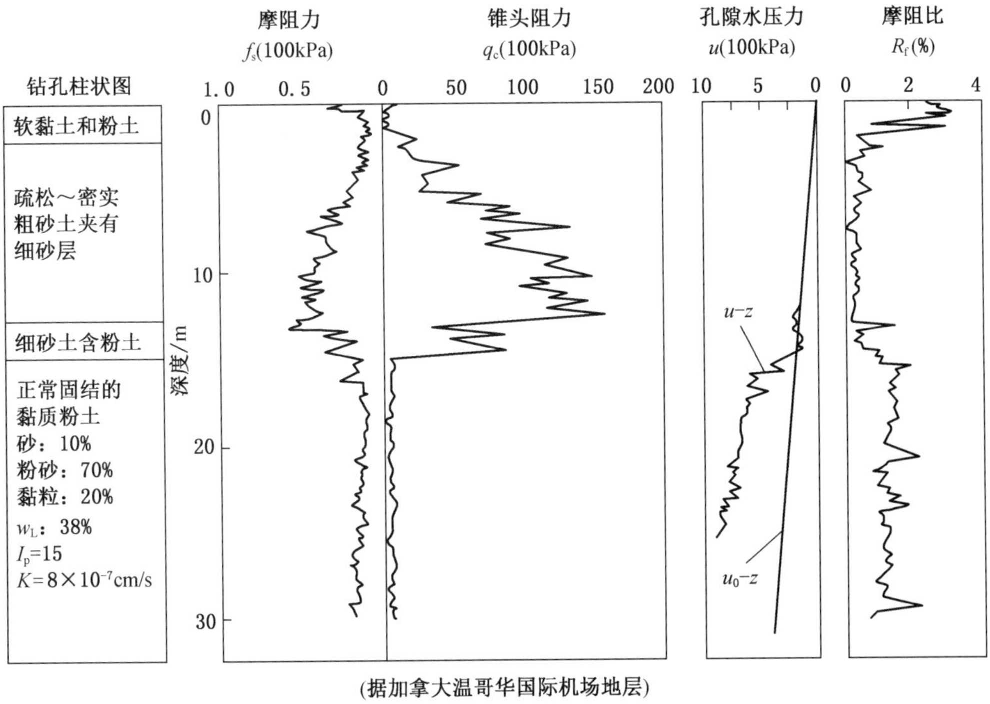

图 1－25　静力触探成果曲线及其相应土层划分

第六节　复合地基静载试验

近十多年来，复合地基技术得到了较大发展。由于复合地基中设置的增强体不同，因此，各类复合地基的承载机理也不完全相同。复合地基静载试验承压板应具有足够的刚度。单桩复合地基静载试验的承压板可用圆形或方形，面积为一根桩承担的处理面积；多桩复合地基静载试验的承压板可用方形或矩形，其尺寸按实际桩数所承担的处理面积确定。单桩复合地基静载试验桩的中心（或形心）应与承压板中心保持一致，并与荷载作用点相重合。

一、试验原理

复合地基静载试验采用接近于复合地基实际工作条件的试验方法，在复合地基表面通过承压板逐级施加竖向压力，观测复合地基随时间产生的沉降，以确定相应的单桩复合地基承载力特征值。防灾科技学院北校区试验场内复合地基静载试验布置如图 1－26、图 1－27 所示。

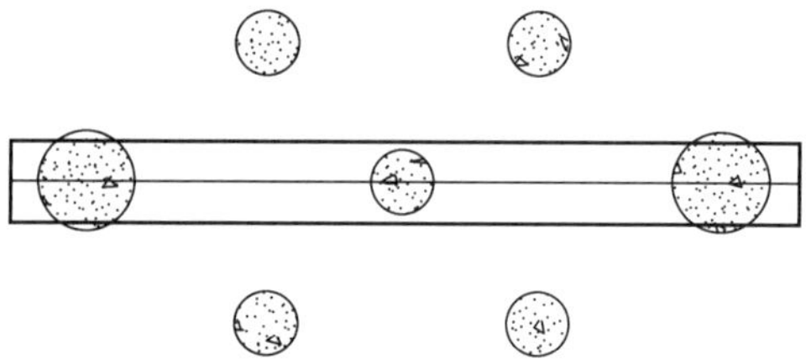

图 1－26　复合地基静载试验平面布置

二、试验设备

复合地基静载试验设备包括加荷稳压系统、反力系统和量测系统。

1. 加荷稳压系统

加荷稳压系统由承压板、加荷千斤顶、油泵及稳压装置、高压油管、压力表等组成。

承压板面积有 1 m^2、0.5 m^2、0.25 m^2 几种规格，分别适于较软～较硬的土层（对于软土不应小于 0.5 m^2）。本试验承压板采用面积 0.5 m^2（直径为 79.8 cm）、厚 4 cm 的圆板。加荷千斤顶为 100 t，油泵为大容量手摇油泵。稳压装置包括压力源、反力装置。

2. 反力系统

常用的反力系统有堆载式、撑臂式、锚固式等多种形式。

试验场采用锚固式，仪器装置为锚桩横梁反力装置，承受能力不小于试验最大荷载的 1.5～2.0 倍。

3. 量测系统

荷载量测一般采用测力环或电测压力传感器，并用压力表校核。承压板沉降量测采用百分表或位移传感器。

沉降观测装置包括：RS－WS50 调频防水位移传感器，分度值为 0.01 mm；磁性表

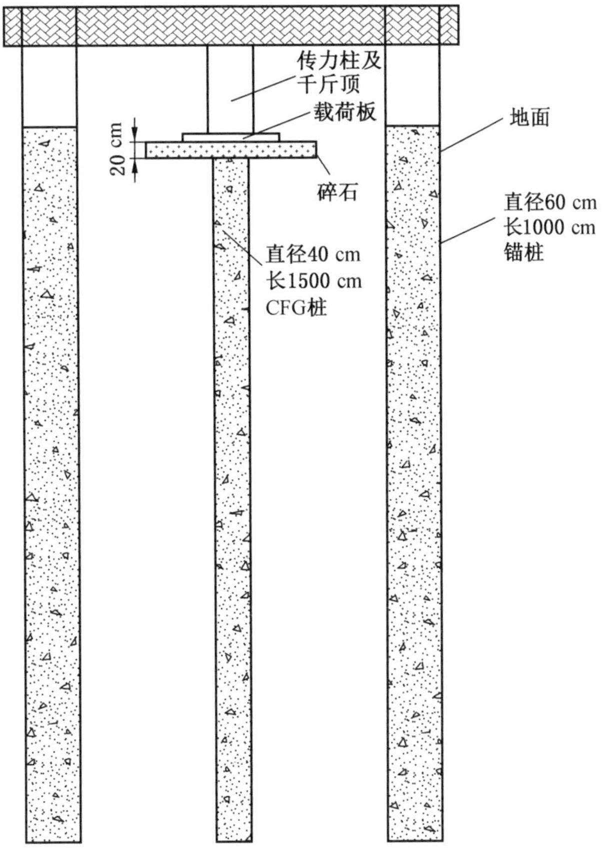

图1－27　复合地基静载试验剖面布置

架；基准梁。

三、试验步骤及技术要求

1. 试验步骤

（1）试验应在桩顶设计标高进行。承压板底面以下宜铺设粗砂或中砂垫层，垫层厚度可取100～150 mm。如采用设计的垫层厚度进行试验，试验承压板的宽度对独立基础和条形基础应采用基础的设计宽度，对大型基础试验有困难时应考虑承压板尺寸和垫层厚度对试验结果的影响。

（2）试验标高处的试坑宽度和长度不应小于承压板尺寸的3倍。基准梁及加荷平台支点（或锚桩）宜设在试坑以外，且与承压板边的净距不应小于2 m。

（3）试验前应采取防水和排水措施，防止试验场地地基土含水量变化或地基土扰动，影响试验结果。

（4）加载等级可分为8～12级。测试前为校核试验系统整体工作性能，预压荷载不得大于总加载量的5%。最大加载压力不应小于设计要求承载力特征值的2倍。

（5）每加一级荷载前后均应各读记承压板沉降量一次，以后每0.5 h读记一次。当

1 h 内沉降量小于 0.1 mm 时，即可加下一级荷载。

（6）出现下列现象之一时可终止试验：①沉降急剧增大，土被挤出或承压板周围出现明显的隆起；②承压板的累计沉降量已大于其宽度或直径的 6%；③当达不到极限荷载，而最大加载压力已大于设计要求压力值的 2 倍。

（7）卸载级数可为加载级数的一半，等量进行，每卸一级，间隔 0.5 h 读记回弹量，待卸完全部荷载后间隔 3 h 读记总回弹量。

2. 技术要求

（1）复合地基静载试验承压板底面标高应与设计要求标高相一致。

（2）工程验收检测静载试验最大加载量应不小于设计承载力特征值的 2 倍，为设计提供依据的静载试验应加载至复合地基达到规定的破坏状态。

（3）复合地基静载试验的加载方式应采用慢速维持荷载法。

（4）承压板底面下宜铺设 100 ~ 150 mm 厚的粗砂或中砂垫层，桩身强度高或承压板尺寸大时取大值。

（5）试验标高处的试坑宽度和长度不应小于承压板尺寸的 3 倍。基准梁及加荷平台支点宜设在试坑以外，且与承压板边的净距不应小于 2 m。

（6）承压板、压重平台支墩和基准桩之间的净距应符合表 1 - 6 的规定。

表 1 - 6　承压板、压重平台支墩和基准桩之间的净距

承压板与基准桩	承压板与压重平台支墩	基准桩与压重平台支墩
$>b$ 且 >2.0 m	$>b$、$>B$ 且 >2.0 m	$>1.5B$ 且 >2.0 m

注：b 为承压板边宽或直径，m；B 为支墩宽度，m。

（7）试验前应采取措施，保持试坑或试井底岩土的原状结构和天然湿度不变。当试验标高低于地下水位时，应将地下水位降至试验标高以下，再安装试验设备，待水位恢复后方可进行试验。

四、试验资料整理

复合地基承载力特征值的确定应符合下列规定：

（1）当压力 - 沉降曲线上极限荷载能确定，且其值不小于对应比例界限的 2 倍时，可取比例界限；当其值小于对应比例界限的 2 倍时，可取极限荷载的一半。

（2）当压力 - 沉降曲线是平缓的光滑曲线时，可按相对变形值确定，并应符合下列规定：①对沉管砂石桩、振冲碎石桩和柱锤冲扩桩复合地基，可取 s/b（沉降量/承压板边宽或直径）或 s/b 等于 0.01 所对应的压力；②对灰土挤密桩、砂土挤密桩复合地基，可取 s/b 或 s/b 等于 0.008 所对应的压力；③对水泥粉煤灰桩或夯实水泥土桩复合地基，对以卵石、圆砾、密实粗中砂为主的地基，可取 s/b 或 s/b 等于 0.008 所对应的压力；对以黏性土、粉土为主的地基，可取 s/b 或 s/b 等于 0.01 所对应的压力；④对水泥土搅拌桩或旋喷桩复合地基，可取 s/b 或 s/b 等于 0.006 ~ 0.008 所对应的压力，桩身强度大于 1.0 MPa 且桩身质量均匀时可取高值；⑤对有经验的地区，可按当地经验确定相对变形

值，但原地基土为高压缩性土层时，相对变形值的最大值不应大于0.015；⑥复合地基荷载试验，当采用边长或直径大于2 m的承压板进行试验时，承压板边宽或直径按2 m计；⑦按相对变形值确定的承载力特征值不应大于最大加载压力的一半。

试验点的数量不应小于3点，当满足其极差不超过平均值30%时，可取其平均值为复合地基承载力特征值。当极差超过平均值30%时，应分析极差过大的原因，需要时应增加试验数量，并结合工程具体情况确定复合地基承载力特征值。工程验收时应视建筑物结构、基础形式综合评价，对于桩数少于5根的独立基础或桩数少于3排的条形基础，复合地基承载力特征值应取最低值。

第七节 土体波速测试

波速测井是工程勘察孔岩土体波速测试的简称。假定地基土为弹性、半无限连续介质条件，振动在地基土中传播形成弹性波。弹性波分为体波（在介质内部传播的波称为体波）和面波（限于界面附近传播的波称为面波）。

体波根据质点的振动方向与传播方向是否一致，分为纵波和横波。其中由震源传出的压缩波，其质点的振动方向和传播方向一致，也称为纵波。纵波是由介质的抗压变形产生的，故称为压缩波。纵波的周期短、振幅小，仪器记录的地震波谱总是纵波先到，又称为P波（初波，primary wave）。由震源向外传播的剪切波，其质点的振动方向和传播方向垂直，也称为横波。由于横波在纵波后到达记录仪，又称为S波（次波，secondary wave）。当质点的振动平面与弹性半空间体自由表面平行时，称为SH波；当质点的振动平面与弹性半空间体自由表面垂直时，称为SV波，它是横波的竖向分量。

$$v_p=\sqrt{\frac{E(1-\mu)}{\rho(1+\mu)(1-2\mu)}}=\sqrt{\frac{2G(1-\mu)}{\rho(1-2\mu)}} \tag{1-32}$$

$$v_s=\sqrt{\frac{E}{2\rho(1+\mu)}}=\sqrt{\frac{G}{\rho}} \tag{1-33}$$

$$\frac{v_p}{v_s}=\sqrt{\frac{2(1-\mu)}{1-2\mu}} \tag{1-34}$$

式中 v_p——地基土的纵波波速，m/s；

v_s——地基土的横波速度，m/s；

E——地基土的弹性模量，MPa；

G——地基土的剪切模量，MPa；

ρ——地基土的密度，g/cm^3；

μ——地基土的泊松比。

一、试验原理

土体波速测试的基本原理是利用弹性波在介质中传播速度与介质的动弹性模量、动剪切模量、动泊松比及密度等的关系，测定波的传播速度，求取土的动弹性参数。在岩土工程勘察中主要利用直达波的横波速度，方法有单孔法和跨孔法。单孔法是指在地面激振，检波器在一个垂直钻孔中接收，自上而下（或自下而上）按地层划分逐层进行检验，计算每一地层的 P 波或 SH 波速。该法按激振方式不同可以检测地层的压缩波波速或剪切波波速。

二、试验设备

1. 三分量检波器

三分量检波器由 3 个互相垂直的检波器组成。检波器自振频率一般为 10 Hz 和 28 Hz，频率响应可达几百赫兹。3 个检波器互相垂直，同时安装在同一个钢筒内，固定密封好，严防漏水，从中引出导线接至内装钢丝的多芯屏蔽电缆。这样孔内三分量检波器的垂直向检波器可接收由地表振源传来的 P 波，两个水平向检波器可以接收地表振源传来的 SH 波。

2. 信号采集分析仪

可以采用地震仪或其他多通道信号采集分析仪。这些仪器一般应具有信号放大、滤波、采集记录、数据处理等功能，信号放大倍数大于 2000 倍，噪声低，相位一致性好，时间分辨精度在 1 μs 以下，具有 4 个以上通道，并具有剪切波测试数据处理分析软件。

三、试验步骤及技术要求

现场单孔波速测试如图 1－28 所示，试验步骤如下：

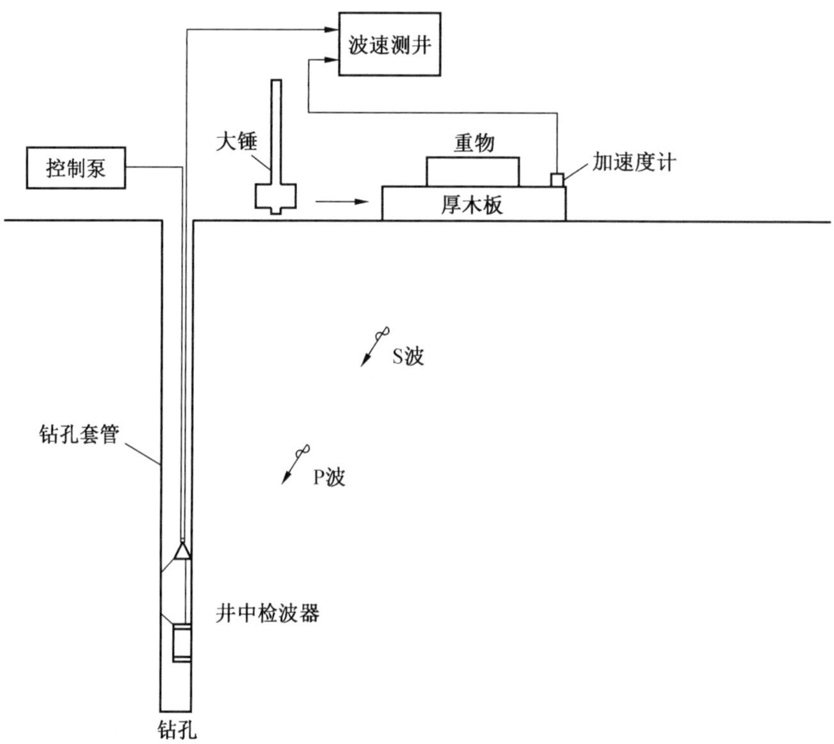

图 1－28　单孔波速测试示意图

（1）平整场地，使激振板离孔口的水平距离约 1 m，上压重物约 500 kg 或用汽车两前轮压在木板上，木板规格为长 2～3 m、宽 0.3 m、厚 0.05 m。计时触发检波器宜埋于木板中心位置或在手锤上装置脉冲触发传感器。

（2）接通电源，在地面检查测试仪正常后，即可进行试验。

（3）把三分量检波器放入孔内预定测试点的深度，连接锂电池，再断开锂电池，使三分量检波器紧贴孔壁。

（4）用木槌或铁锤水平敲击激振板一端，地表产生的剪切波经地层传播，由孔内的三分量检波器的水平向检波器接收 SH 波信号，该信号经电缆送入地震仪放大记录。试验要求地震仪获得 3 次清晰的记录波形。然后反向敲击木板，以同样方式获得 3 次清晰波形为止，该 SH 波测试点测试完成。

（5）把孔内三分量检波器转移到下一个测试点的深度，重复上述测试步骤，直至达到钻孔测试深度要求。

（6）整个钻孔测试完后，要检查野外测试记录是否完整，并测定记录孔内水位深度。

四、试验资料整理

实测剪切波波形如图 1－29 所示。

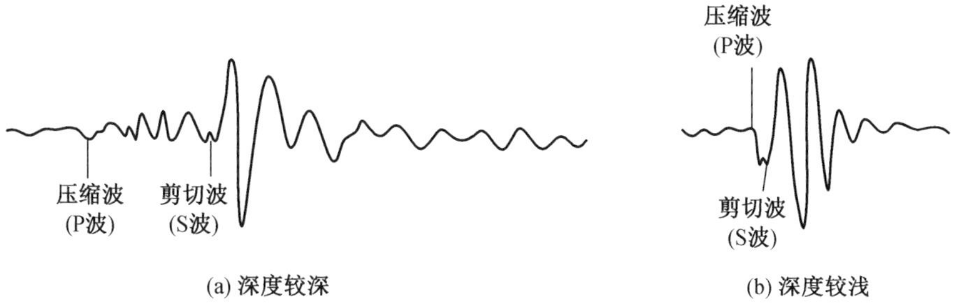

图 1－29　剪切波波形

1. 波形鉴别

（1）压缩波速度比剪切波快，压缩波为初至波。

（2）敲击木板正反向两端时，剪切波波形相位差 180°，而压缩波不变。

（3）压缩波传播能量衰减比剪切波快，离孔口一定深度后，压缩波与剪切波逐渐分离，容易识别。它们的波形特征是：压缩波幅度小、频率高；剪切波幅度大、频率低。

2. 波速计算

根据波形特征和三分量检波器的方向区别 P 波、S 波的初至，以触发信号的起点为 0 时，读取 P 波或 S 波的持时，绘制时距曲线，分层计算波速。时距曲线的转折点为地层的分层点，按每段折线斜率的倒数计算各层的 P 波、S 波速度值。

当激发点距孔口距离 x 较大，测试深度又较浅（如 10 m 以内），计算波速时，则应进行斜距校正。按下式换算为垂直距离持时（t'）：

$$t' = t \cdot \frac{h}{\sqrt{x^2 + h^2}} \tag{1-35}$$

式中 t——在记录上读取的斜距持时，s；

h——孔中检波器距孔口地面的距离，m；

x——激发点距孔口的距离，m。

采用钻孔波速专用分析软件，可以直接打印资料分析成果图，提供测试报告使用。

单孔法资料分析的成果图应包括地层、记录波形、波速、弹性参数等。

第二章 岩体原位试验

第一节 岩体静力载荷试验

岩体的变形试验，通常是在一定的荷载作用下，为研究岩体的变形规律，测定工程设计中所需要的岩体变形特征指标（岩体变形模量、岩体弹性模量、泊松比及变形系数）而进行的岩体现场试验。国际岩体力学学会测试方法委员会于1978年制定的“测定现场岩体变形性的建议方法”中推荐了三种方法：一是用承压板法测定岩体变形性（表面加荷载）；二是在现场孔底用承压板法测定岩体变形性；三是在现场用径向液压枕测定岩体变形性。目前，国内经常采用承压板法，尤其是刚性承压板法。该方法的优点是简便、直观，能较好地模拟建筑物基础的受力状态和变形特征。

国内测定岩体变形性的试验方法较多，按荷载的性质可分为静力法和动力法。静力法包括承压板法（刚性承压板法和柔性承压板法）、液压枕法（刻槽法）、单（双）轴压缩法、隧道水压变形法（封闭硐室法）、钻孔变形测试法、径向液压枕法或双筒法、钢索锚固加荷法、三轴压缩试验。

对于岩体变形试验所获得的变形指标，世界各国地质学家存在各种不同的分析和认识。如美国地质学家常用塑性变形与总体变形之比（W_p/W_0）作为表征岩体变形的指标；在法国，则通常认为岩体弹性变形与总体变形之比（W_e/W_0）更有意义；而在德国，一般采用弹性模量与变形模量之比（E_e/E_0）来说明问题。

一、试验原理

载荷试验（承压板法）是用于测定承压板下应力影响范围内岩体、土体的承载力和变形特征的一种方法。它是在承压板上施加一定的荷载，并测定其变形，然后绘制压力－变形（$P-W$）曲线，计算岩土体的承载力和变形。

我国承压板法一般采用刚性承压板法。该方法的优点是简便、直观，能较好地模拟建筑物基础的受力状态和变形特征。

刚性承压板法是通过刚性承压板（其弹性模量大于岩体一个数量级以上）对半无限空间岩体表面施加压力并量测各级压力下岩体的变形，按弹性理论公式计算岩体变形参数的方法。该方法视岩体为均质、连续、各向同性的半无限弹性体。根据布辛涅斯克公式，可推导出测点在板内的圆形板计算公式：

$$\begin{cases} E_0 = \dfrac{\pi(1-\mu^2)Pd}{4W_0} \\ E_e = \dfrac{\pi(1-\mu)Pd}{4W_e} \end{cases} \quad (2-1)$$

式中 E_0——岩体的变形模量，Pa；

E_e——岩体的弹性模量，Pa；

W_0——岩体的总变形，cm；

W_e——岩体的弹性变形，cm；

P——承压板上单位面积压力，Pa；

μ——岩体的泊松比；

d——承压板的直径，cm。

二、试验设备

刚性承压板法试验装置如图 2-1 所示，试验设备如图 2-2 所示。

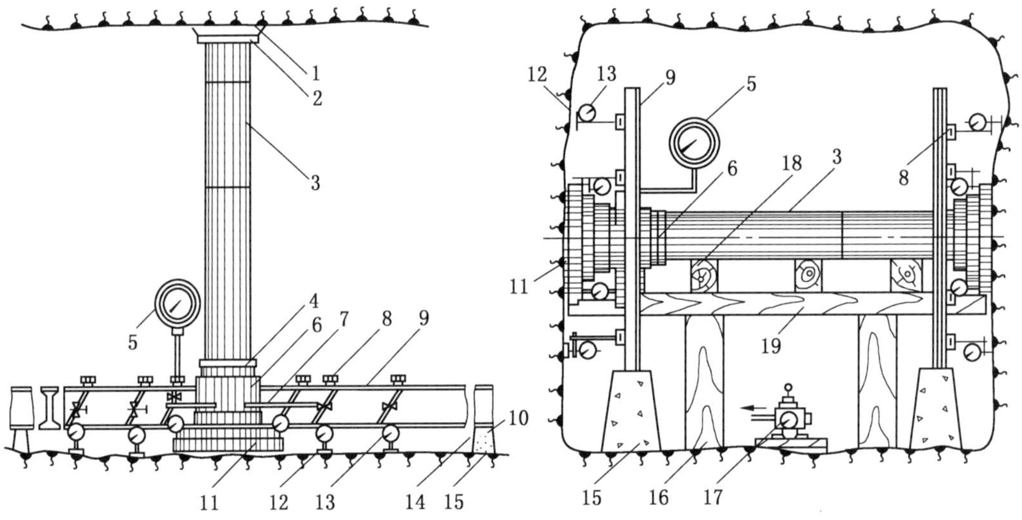

1—砂浆顶板；2—钢垫板；3—传力柱；4—圆形钢垫板；5—标准压力表；6—液压千斤顶；7—高压管（接油泵）；8—磁性表架；9—工字钢梁；10—钢板；11—刚性承压板；12—标点；13—千分表；14—滚排轴；15—混凝土支墩；16—木桩；17—油泵（接千斤顶）；18—木垫板；19—木梁

图 2-1 刚性承压板法试验装置示意图

1. 加压系统

（1）液压千斤顶，1 台，其出力应根据岩体的坚硬程度、最大试验压力及承压板面积等标定，并按规范要求进行标定。本试验采用 DYG200-500 型千斤顶，最大出力 200 t，油缸外径 250 mm，内径 200 mm，活塞杆直径 150 mm。

（2）油泵，1 台，手摇式或电动式均可，压力为 40～100 MPa。本试验采用电动液压泵站，型号 MD-11，功率 11 kW。

（3）高压油管（铜管或软管）及高压快速接头。本试验高压油管型号为 MD-105，最大承受压力 105 MPa。

（4）压力表，1 个，精度为一级，量程 100 MPa。

图2-2 承压板法试验设备

(5) 稳压装置。

2. 传力系统

(1) 刚性承压板，金属质，应具有足够的刚度，厚度3 cm，面积2000～2500 cm^2。

(2) 钢垫板，若干块，面积等于或略小于承压板，厚度2～3 cm。

(3) 传力柱，应有足够的刚度和强度，其长度视试硐尺寸而定。

(4) 钢质楔形垫板，若干块。

3. 量测系统

(1) 测量支架，2根。具有足够刚度和满足边界条件要求长度的钢质支架，用以固定磁性表架。

（2）量测仪表，百分表、千分表或电子千分表4~8只，量测岩体变形用。

（3）磁性表架，4~8个。

（4）测量标点，4~8个，铜质或不锈钢质，标点表面应平整光滑。

（5）温度计，1支，精度0.1 ℃，测量试硐温度。

三、试验步骤及技术要求

1. 试点制备

应根据工程需要和工程地质条件选择代表性试验地段和试验点位置，在预定的试验点部位制备试件。具体要求如下：

（1）试点开挖时，应尽可能减少对岩土体的扰动和破坏。

（2）试点受压方向应与建筑物基础的实际受力方向一致。

（3）试点的边界条件应满足下列要求：①承压板边缘至硐侧壁的距离应大于承压板直径的1.5倍；②承压板边缘至硐口或工作面的距离应大于承压板直径的2倍；③承压板边缘至临空面的距离应大于承压板直径的6倍；④两试件边缘间的距离应大于承压板直径的3倍；⑤试件表面以下3~3.5倍承压板直径深度范围内的岩性宜相同。

（4）试点范围内受扰动的岩体应清除干净并凿平整，清除的深度视岩体受扰动的程度而定。

（5）安放承压板处的岩石表面宜加凿、磨平，岩面起伏差不宜大于承压板直径的1%。当岩体因破碎而达不到要求时，应尽可能加凿、磨平或用砂浆填平。承压板以外，试验影响范围以内的岩面也应大致平整，无松动岩块和碎石。

（6）试件面积应略大于承压板，其中加压面积不宜小于2500 cm^2。

（7）试验时反力装置部位应能承受足够的反力，在大约30 cm×30 cm范围内大致平整，以便浇筑混凝土或安装反力装置。

本试验的岩体属于模拟岩体，为了在土体地层顶部模拟岩体，在由反力钢梁、钢柱和反力地板组成的回字形自平衡反力架空间内，由反力地板向上依次采用浆砌石、钢板组成复合体，在复合体表层上置1.4 m×1.1 m×1.1 m的完整花岗岩块体，其表面的起伏差小于承压板直径的1%。

2. 试点地质描述

试点的地质描述是整个试验工作的重要组成部分，它可为试验成果分析整理和指标选择提供可靠的地质依据。包括如下内容：

（1）试点编号、位置、尺寸、层位。

（2）试硐编号、位置、硐底高程、方位、硐深、断面形状及尺寸、开挖方及日期等。

（3）试点开挖方法及出现的岩体变形破坏等情况。

（4）岩石名称、结构、构造及主要矿物成分，岩体的风化程度、风化特点及其抗风化能力。

（5）层理、片理、劈理、节理裂隙、断层等各类软弱结构面的产状及其受力方向的关系以及宽度、延伸情况、连续性、密度等。结构面成因类型、力学属性、粗糙程度、填充物的性质、成分和软化、泥化情况，岩脉穿插情况及其与围岩的接触关系。

（6）水文地质条件：地下水的类型、化学成分、活动规律、出露位置、渗水量。

（7）地质描述应提交的图件包括：试点地质素描图、裂隙统计图表及相应的照片，试点地质纵横剖面图，试件地质素描图等。

（8）岩爆、硐室变形等与初始地应力有关的现象。

3. 传力系统安装

（1）在制备的试件表面抹一层加有速凝剂（如1%～2%的氯化钙和适量的水玻璃）的高标号（不低于400号）水泥浆，其厚度以填平岩面起伏为准，然后放上承压板，用手锤轻击承压板，以使承压板与岩面紧密接触，将部分水泥浆挤出，使承压板与岩面间水泥浆尽可能薄些。

（2）刚性承压板必须有足够的刚度。为增大承压板刚度，应在承压板上叠置3～4块厚2～3 cm的钢垫板。本试验叠置的刚性承压板直径为50.48 cm、45.14 cm、43.70 cm，厚3 cm。

（3）依次放上千斤顶、传力柱及钢垫板等，传力柱必须有足够的刚度和强度，安装时应注意使整个系统所有部件保持在同一中心轴线上且与加压方向一致。

（4）顶板（或称后座）用加速凝剂的高标号水泥砂浆浇成，浇好后启动液压千斤顶（或楔紧楔块），使整个传力系统各部位紧密接合，并经一定时间的养护备用。

4. 量测系统安装

（1）标点位置：在承压板4个小孔下各设一个标点；在承压板外，沿硐轴方向可埋设若干标点，各标点间距不超过承压板半径。有条件时，还可以沿垂直硐轴方向在承压板两侧的对称轴上布置标点。

（2）在承压板两侧，平行硐轴方向各安放一根测表支架，支承形式以简支梁为宜，支撑表架的支点必须安放在试验影响范围以外，即支点距承压板的距离应大于某一定值，一般为承压板直径的1.5倍，不得小于1倍，并用混凝土浇筑在岩体上，以防止支架在试验过程中产生沉陷或松动。

（3）通过安放在测表支架上的磁性表座或万能表架，在承压板及其以外测量标点部位安装测表（百分表或千分表）。安装测表时应注意：①测表表腿与承压板或岩面标点垂直且伸缩自如，避免被夹过紧或松动；②采用大量程测表时，应调整好初始读数，尽量避免或减少在测试过程中调表；③测表应安在适当位置，便于读数和调表；④磁性表架的悬臂杆应尽量缩短，以保证表架有足够的刚度。本试验通过4只位移传感器对承压板表面标点位移自动测量采集。

5. 试验压力确定

（1）试验最大压力一般按设计压力的1.2倍确定，压力分5～10级，用最大压力等分并取整的分级方法。

（2）根据液压千斤顶（或液压枕）的标定曲线、标准压力表刻度、活塞及承压板面积，计算施加压力与压力表读数关系的加压表。

（3）测读各测表的初始读数，加压前每10 min读数一次，连续三次读数不变，即可开始加压。

6. 加压

（1）将确定的最大压力分为 5 ~ 12 级并分级施加压力；加压方式一般采用逐级一次循环加压法，必要时可采用逐级多次循环法。本试验加压方式采用逐级一次循环加压法，设计为 20 MPa、30 MPa、40 MPa、50 MPa 和 60 MPa 五个等级。在每级加载过程中，采用逐渐增大后减小的方式进行加载和卸荷。

（2）加压后立即读数一次，此后每隔 10 min 读一次数，直到变形稳定后卸压；卸压过程中的读数要求与加压相同；在加卸压过程中，压力下的变形也应测读一次；板外测点可在板上测表读数达到稳定后一次性读数。

（3）变形稳定标准。当所有承压板上测表相邻两次读数之差 ΔW_0 与同级压力下第一次读数和前一级压力下最后一次变形读数差 W_0 之比，即 $\Delta W_0/W_0$ 比值小于 45% 时，认为变形已稳定，如图 2－3 所示。

（4）某级压力加完后卸压。卸压时应注意除最后一级压力卸至零外，其他各级压力均应保留接触压力（0.1 ~ 0.05 MPa），以保证安全操作，避免传力柱倾倒及顶板坍塌。

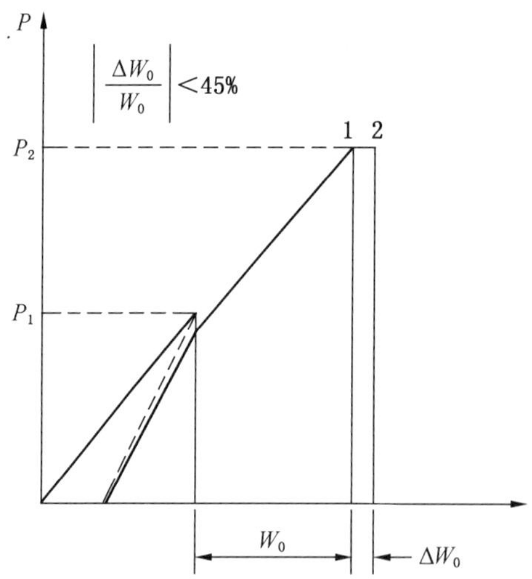

ΔW_0—测表相邻两次读数之差；W_0—同级压力下第一次读数和前一级压力下最后一次变形读数差

图 2－3　逐级一次循环法岩体变形稳定标准

7. 重复加压

第一级压力卸完后，接着加下一级压力，如此反复直至最后一级压力，各级压力下的读数要求与稳定标准相同。

8. 测表调整与调换

当测表被碰动或将走完全量程时，应在某级变形稳定后及时调整；对不动或不灵敏的测表，也应及时更换；调表时应记录与所调表同支架上所有测表调整前后的读数；调整后，要进行稳定读数，等读数稳定后方可继续试验。

9. 记录

在试验过程中，应认真填写试验记录表格并观察试件变形破坏情况，最好是边读数、边记录、边点绘承压板上代表性测表的压力 - 变形关系曲线，发现问题及时纠正处理。

10. 试验设备拆卸

试验完毕，应及时拆除试验装置，其步骤与安装步骤相反。

四、试验资料整理

1. 数据整理

（1）参照试验现场点绘的测表压力 - 变形曲线，检查、核对试验数据，剔除或纠正错误的数据。

（2）变形值计算。调（换）表前一律以某级读数与初始读数之差作为某级压力下的变形值，换表后的变形值用调（换）表后的稳定值作为初始读数进行计算；两次计算之和为该表在某级压力下所测总变形值。以承压板上各有效表的总变形值的平均值作为总变形值。

（3）绘制压力 - 变形($P-W$)曲线。以压力 P(MPa)为纵坐标、变形值 W(10^{-4} cm)为横坐标，绘制压力 - 变形（$P-W$）曲线。在曲线上求取某压力下岩体的弹性变形、塑性变形及总变形值。

（4）按式（2－1）计算变形模量 E_0 及弹性模量 E_e，按下式计算变形系数 D：

$$D=\frac{W_p}{W_0} \tag{2-2}$$

式中 W_p——岩体塑性变形，cm；

W_0——岩体总变形，cm。

承压板变形试验的主要成果是 $P-W$ 曲线及由此计算得到的变形模量。这些成果可用于分析岩体的变形机理和变形特征。同时，岩体的变形模量等参数是工程岩体力学数值计算不可缺少的参数。

2. 试验误差分析

（1）试验过程中温度的变化对仪表读数有一定影响。

（2）在试点周围走动或者操作仪器过程中碰到测量表架会对仪表读数产生影响。

（3）测表支架和磁性表架刚度不足、承压板刚度不足均会引起测试误差。

（4）工程地质条件，如结构面的发育程度、性质上的差别以及压力方向与结构面的不同组合等均会引起试验误差。

3. 试验结果讨论

岩体变形曲线通常分为直线型、上凹型、下凹型、折线上凹型和折线下凹型 5 种基本类型。通过分析曲线所属类型并结合地质条件来说明其变形机理。

应该指出，由于各种试验方法的条件不同，同一岩体用不同方法测得的变形指标往往相差较大，在分析使用时应该注意。而且，不论采用哪种指标说明岩体的变形特征，都必须注明是在哪一级压力水平下求得的，因为不同压力水平下求得的岩体各变形指标是有差异的。

第二节　岩体变形试验

常采用压力枕法来测定岩体变形。压力枕法又称刻槽法，是各勘查阶段常用的取样方法。一般在巷道或试验平硐底板或侧壁岩面上进行。压力枕法的优点是设备轻便、安装较简单，对岩体扰动小，能适应各种方向加压，且适合于各类坚硬完整岩体。它的缺点是假定条件与实际岩体有一定出入，将导致计算结果误差较大，且随测量位置不同而异。

用压力枕法取样时必须遵守以下基本原则：①槽应当垂直于矿体走向沿其厚度来布置，因为沿此方向一般可观察到物质成分的最大变化；②如可能时，刻槽应当沿矿体整个厚度来布置；③凿取样品时，必须从每米刻槽中采出等量的物质，这在严格保证刻槽横截面的条件下才有可能；④应当采取足够数量的样品，以便对矿产质量作出可靠评价。

一、试验原理

在完整或者较完整的岩体表面上开一狭缝，将液压枕放入，再用水泥砂浆填实；待砂浆达到一定强度后，对液压枕加压，利用压力表读出施加在狭缝两侧岩体上的压力；利用布置在狭缝中垂线上的测点量测岩体变形，进而根据弹性力学公式计算岩体的变形模量。

因此，该方法假定岩体为连续、各向同性、均质的弹性体；狭缝视为半无限平面内的椭圆形（长短轴比视为无限大）孔洞，按平面应力状态下椭圆周边应力与变形的关系计算岩体的变形模量。根据以上假设，由弹性力学原理，狭缝中垂线上一点 A 的位移如下。

（1）绝对位移 W_A（图 2－4）。

$$W_A = \frac{pl}{2E_0 c}\left[3+\mu-\frac{2(1+\mu)}{c^2+1}\right] \tag{2-3}$$

或

$$W_A = \frac{pl}{2E_0 c}\left[1-\mu+\frac{2(1+\mu)c^2}{c^2+1}\right] \tag{2-4}$$

$$c = \frac{2y+\sqrt{4y^2+l^2}}{l} \tag{2-5}$$

式中　p——狭缝岩壁上所受的压力，MPa；

E_0——岩体的变形模量，MPa；

μ——岩体的泊松比；

c——与狭缝长度及测点位置有关的系数；

l——狭缝长度，cm；

y——测点至狭缝中心线的垂直距离，cm。

（2）相对位移 W_R（图 2－5）。

$$W_R = \frac{pl}{2E_0}\left[(1-\mu)(\tan\theta_1-\tan\theta_2)+(1+\mu)(\sin2\theta_1-\sin2\theta_2)\right] \tag{2-6}$$

利用式（2－3）~式(2－6)，通过试验可求得岩体的变形模量，该方法适用于坚硬、较坚硬岩体。

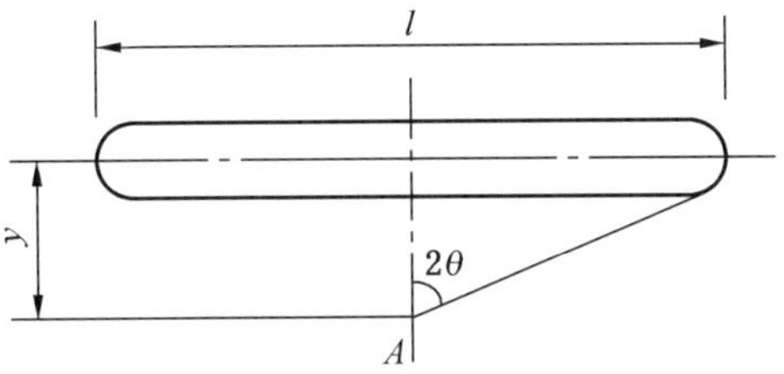

图2-4 绝对位移计算示意图

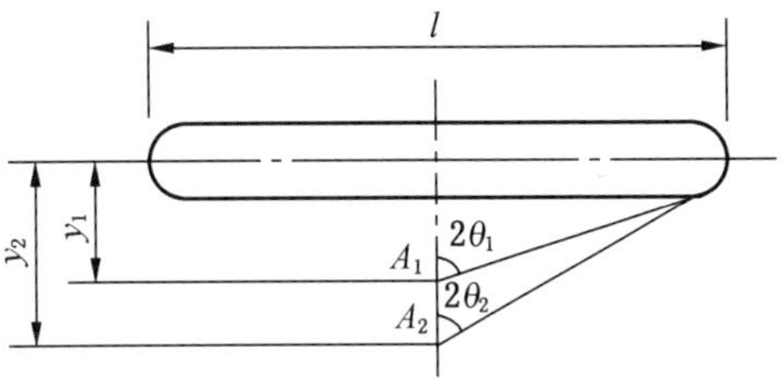

图2-5 相对位移计算示意图

二、试验设备

压力枕法所需仪器设备如下：矩形液压枕、液压泵及管路、压力表、测表支架、变形测表、磁性表座、测量标点。压力枕法试验装置如图2-6所示。

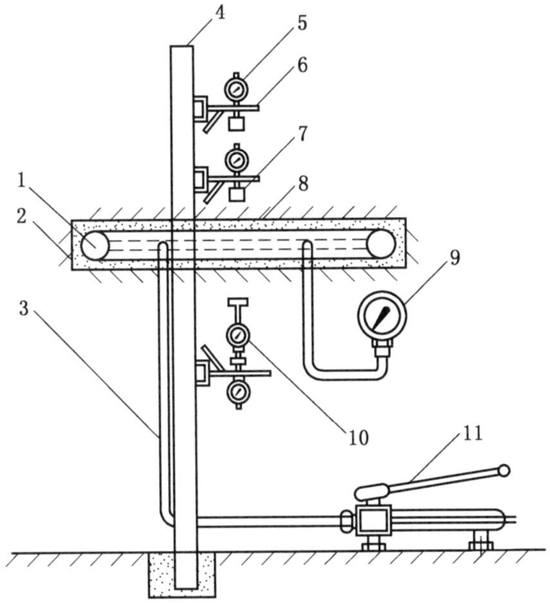

1—扁千斤顶；2—槽壁；3—油管；4—测杆；5—百分表（绝对测量）；6—磁性表架；7—测量标点；8—砂浆；9—标准压力表；10—千分表（相对测量）；11—油泵

图2-6 压力枕法试验装置示意图

三、试验步骤及技术要求

压力枕法试验点如图2-7所示。

1. 试点制备

应根据工程需要和工程地质条件选择代表性试验地段和试验点位置，在预定的试验点

图 2-7 压力枕法试验点

部位制备试件，具体要求如下。

（1）在预定试验的岩体表面修凿一平面。在工程岩体实际受力方向上的长度不宜小于狭缝长度的3倍，宽度不宜小于狭缝长度的3倍。在此范围内的岩体性质应相同。

（2）试点表层受扰动的岩体宜清除干净。试点表面应修凿平整，表面起伏差不宜大于狭缝长度的2%。

（3）在岩面长度方向对称轴的中部，垂直岩面刻凿一条狭缝。狭缝长度宜为液压枕长度的1.05倍，狭缝深度宜为液压枕的宽度，狭缝宽度宜大于液压枕厚度1 cm。

（4）狭缝内的加压面积不宜小于1500 cm^2，加压长度不宜小于50 cm，加压宽度不宜小于30 cm，宽长比宜为0.6～1.0。

2. 试点地质描述

试点的地质描述是整个试验工作的重要组成部分，它可为试验成果分析整理和指标选择提供可靠的地质依据。包括如下内容：

（1）试点编号、位置、尺寸、层位。

（2）试硐编号、位置、硐底高程、方位、硐深、断面形状及尺寸、开挖方及日期等。

（3）试点开挖方法及出现的岩体变形破坏等情况。

（4）岩石名称、结构、构造及主要矿物成分，岩体的风化程度、风化特点及其抗风化能力。

（5）水文地质条件：地下水的类型、化学成分、活动规律、出露位置、渗水量。

（6）地质描述应提交的图件包括：试点地质素描图、裂隙统计图表及相应的照片，试点地质纵横剖面图，试件地质素描图等。

（7）岩爆、硐室变形等与初始地应力有关的现象。

3. 传力系统安装注意事项

（1）当液压枕为水平面放置时，在狭缝底部铺垫一层水泥浆，将狭缝底部岩体表面抹平，随后放置底部凹槽已用水泥砂浆填平并经养护的液压枕，用水泥浆充填狭缝。

（2）当液压枕为铅垂向放置时，先在狭缝底部浇灌少量水泥浆，将液压枕放入狭缝内，随后用水泥浆充填狭缝。

（3）应防止水泥浆内有气泡。液压枕应置于狭缝中央，并将液压枕外侧鼓边处露一半。

4. 量测系统安装

（1）在试点表面狭缝两侧垂直长度方向中心轴线上，对称埋设测量标点各 1 个，标点与狭缝中心距离可采用狭缝长度的 0. 33。根据需要，也可增加至 2 个或 3 个。

（2）在试点表面外侧安放一根测表支架，可按平行受力方向或垂直受力方向布置。测表支架应满足刚度要求。

（3）支架可选择简支方式或悬臂方式。简支方式可采用浇筑在岩面上的混凝土墩作为支点，悬臂方式应将测表支架一端浇筑在岩体内。支架的支点应设在距狭缝距离为 1. 5 倍狭缝长度以外。

（4）在测表支架上通过磁性表座安装变形测表，测量标点加压方向的岩体变形。

5. 试验压力确定

（1）试验最大压力一般按设计压力的 1. 2 倍确定，压力分 5 ~ 10 级，用最大压力等分并取整的分级方法。

（2）测读各测表的初始读数，加压前每 10 min 读数一次，连续三次读数不变，即可开始加压。

6. 加压

（1）将确定的最大压力分为 5 ~ 10 级并分级施加压力；加压方式一般采用逐级一次循环加压法，必要时可采用逐级多次循环法。

（2）加压后立即读数一次，此后每隔 10 min 读一次数，直到变形稳定后卸压；卸压过程中的读数要求与加压相同；在加卸压过程中，压力下的变形也应测读一次；板外测点可在板上测表读数达到稳定后一次性读数。

（3）变形稳定标准。当所有承压板上测表相邻两次读数之差 ΔW_0 与同级压力下第一次读数和前一级压力下最后一次变形读数差 W_0 之比，即 $\Delta W_0/W_0$ 比值小于 5% 时，认为变形已稳定。

7. 重复加压

第一级压力卸完后，接着加下一级压力，如此反复直至最后一级压力，各级压力下的读数要求与稳定标准相同。

8. 记录

在试验过程中，应认真填写试验记录表格并观察试件变形破坏情况，最好是边读数、边记录、边点绘代表性测表的压力-变形关系曲线，发现问题及时纠正处理。

9. 试验设备拆卸

试验完毕，应及时拆除试验装置，其步骤与安装步骤相反。

四、试验资料整理

1. 数据整理

（1）参照试验现场点绘的测表压力-变形曲线，检查、核对试验数据，剔除或纠正错误的数据。

（2）绘制 $P-W$ 曲线。以压力 P(MPa)为纵坐标、变形值 W(10^{-4} cm)为横坐标，绘制 $P-W$ 曲线。在曲线上求取某压力下岩体的弹性变形、塑性变形及总变形值。

（3）用绝对变形计算时，变形参数按式(2-3)~式(2-5)计算。

（4）用相对变形计算时，按式（2-6）计算变形参数。

2. 试验误差分析

（1）试验过程中温度的变化对仪表读数有一定影响。

（2）在试点周围走动或者操作仪器过程中碰到测量表架会对仪表读数产生影响。

（3）测表支架和磁性表架刚度不足均会引起测试误差。

（4）工程地质条件，如结构面的发育程度、性质上的差别以及压力方向与结构面的不同组合等均会引起试验误差。

3. 试验结果讨论

岩体变形曲线通常分为5种基本类型：直线型、上凹型、下凹型、折线上凹型和折线下凹型。可分析曲线所属类型并结合地质条件来说明其变形机理。

应该指出，由于各种试验方法的条件不同，同一岩体用不同方法测得的变形指标往往相差较大，在分析使用时应该注意。再者，不论采用哪种指标说明岩体的变形特征，都必须注明是在哪一级压力水平下求得的，因为不同压力水平下求得的岩体各变形指标是有差异的。

第三节　混凝土与岩体模拟直剪试验

通常所讲的岩体强度是指岩体的抗剪强度，即岩体抵抗剪切破坏的能力。也就是说，岩体在任一法向应力作用下，剪切破坏时所能抵抗的最大剪应力值，称为该剪切面在此法向应力下的抗剪强度。

现场直剪试验可分为岩体本身直剪试验，岩体沿软弱结构面的直剪试验，岩体与混凝土接触面的直剪试验三类。每类试验又分为抗剪断试验（试体在法向应力作用下沿剪切面剪切破坏的直剪试验）、抗剪试验（摩擦试验）（试体剪断后沿剪切面继续剪切的直剪试验）、抗切试验（法向应力为零时对试体进行的直剪试验）。根据莫尔-库仑定律可得到相应的强度指标——抗剪断强度、抗剪强度（摩擦强度）和抗切强度。

知识扩展

1. 岩体本身直剪试验

岩体本身直剪试验是为测定在外力作用下，岩体本身的抗剪强度和变形的试验。在验算坝基、坝肩、岩质边坡及地下硐室围岩等岩体本身可能发生剪切失稳时，可采用该试验方法。

目前，在现场测定岩体的抗剪强度有多种方法，如直剪试验、三轴试验、扭转试验和拔锚试验等。国内最为通用的是直剪试验。

2. 岩体沿软弱结构面的直剪试验

岩体沿软弱结构面的直剪试验是测定岩体沿软弱结构面的抗剪强度和变形的试验。岩体中软弱结构面的抗剪强度是指在外力作用下，软弱结构面抵抗剪切的能力。

为评价坝基、坝肩、岩质边坡及硐室围岩可能沿软弱结构面产生滑动失稳时，可采用该试验方法。

3. 混凝土与岩体接触面的直剪试验

混凝土与岩体接触面的直剪试验是为测定现场混凝土与岩体之间（胶结面）的抗剪强度和变形特征所进行的试验。为评价水工建筑物沿基础接触面可能发生剪切破坏，校核其抗滑稳定性时可采用该试验方法。

它与岩体本身直剪试验一样，把沿胶结面进行剪断时称为抗剪断试验；剪断以后，沿剪断面继续进行剪切的试验称为摩擦试验；试体上不施加垂直荷载的抗剪断试验称为抗切试验。

混凝土与岩体接触面的抗剪试验在现场可以有各种不同的布置方案，但剪切荷载的施加方式只有两种。因此，按剪切荷载施加的不同方式分为两种试验方法，即平推法试验和斜推法试验，如图 2－8 所示。

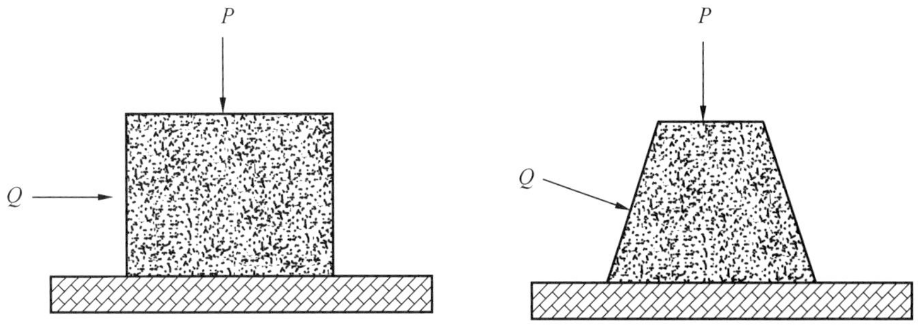

(a) 平推法试验　　(b) 斜推法试验

图 2－8　混凝土与岩体接触面的抗剪试验

一、试验原理

岩体本身直剪试验可确定岩体的抗剪强度参数和剪切刚度系数。由于试验尺寸大且在现场进行，能把岩体的非均质性及软弱结构面对抗剪强度的影响更真实地反映出来，比室内岩块试验更符合实际情况。

上述几种现场直剪试验，由于剪切对象不同，其试点的选取、试体的规格和制备要求、数据读取时间间隔等方面存在差异，但在试验原理、设备、步骤及结果处理分析方法上都基本一致。

根据莫尔－库仑定律，有：

$$\tau_f = c + \sigma\tan\varphi \tag{2-7}$$

式中 τ_f——剪切破坏面上的剪应力，即岩土体的抗剪强度，kPa；

σ——破坏面上的法向应力，kPa；

c——岩土体的黏聚力，kPa；

φ——岩土体的内摩擦角，(°)。

依据所测得的 τ_f 可推求出相应的 c、φ 值。

1. 平推法

法向应力：
$$\sigma = \frac{P}{F} \tag{2-8}$$

切向应力：
$$\tau_f = \frac{Q}{F} \tag{2-9}$$

2. 斜推法

法向应力：
$$\sigma = \frac{P}{F} + \frac{Q\sin\alpha}{F} \tag{2-10}$$

切向应力：
$$\tau_f = \frac{Q\cos\alpha}{F} \tag{2-11}$$

式中 P——剪切面上的总法向荷载，kN；

F——剪切面积，m^2；

Q——作用于剪切面上的总斜向荷载，kN；

α——斜向荷载施力方向与剪切面之间的夹角，(°)。

二、试验设备

混凝土与岩体模拟直剪试验的试验设备按图 2－9 和图 2－10 进行组装，试验设备如图 2－11 所示。

1. 试体制备系统

手风钻（或切石机）、模具、人工开挖工具各 1 套。

2. 加荷系统

（1）液压千斤顶，2 台；根据岩体强度，最大荷载及剪切面积选用不同规格；本试验竖向千斤顶最大出力为 200 t，水平千斤顶最大出力为 100 t。

（2）油压泵（附压力表、高压油管、测力计等），2 台；手摇式或电动式，对千斤顶供油用，本试验采用电动油泵，功率为 11 kW。

3. 传力系统

（1）高压胶管：若干（配有快速接头），输送油压用，本试验高压胶管承受最大压力

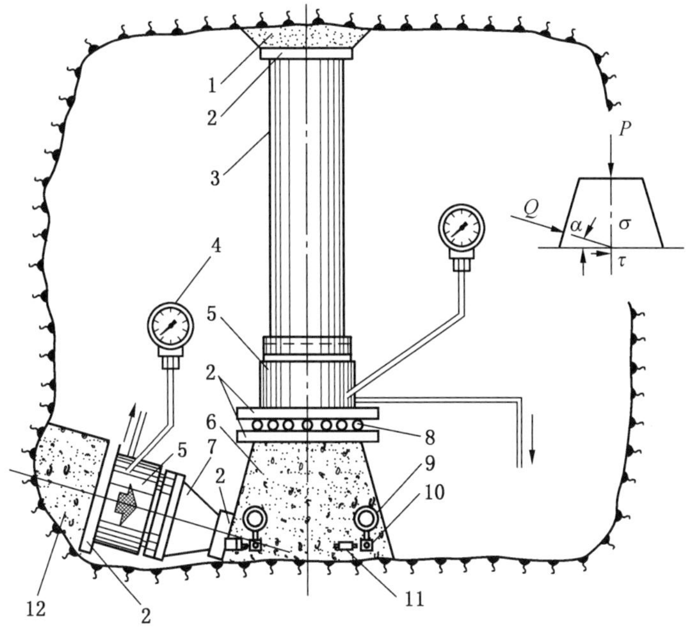

1—砂浆顶板；2—钢板；3—传力柱；4—压力表；5—液压千斤顶；6—试体；7—传力顶头；
8—滚轴排；9—垂直位移测表；10—测量标点；11—水平位移测表；12—混凝土后座

图2-9 斜推法直剪试验安装示意图

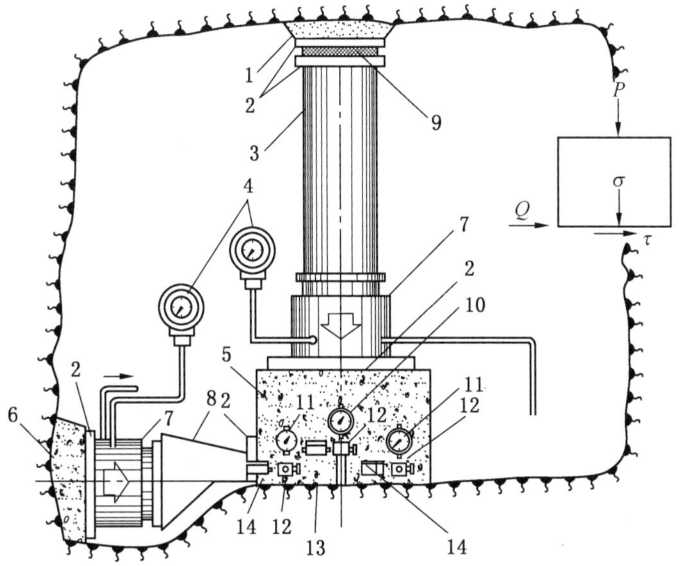

1—砂浆顶板；2—钢板；3—传力柱；4—压力表；5—混凝土试体；6—混凝土后座；7—液压千斤顶；
8—传力顶头；9—滚轴排；10—相对垂直位移测表；11—绝对垂直位移测表；
12—测量标点；13—相对水平位移测表；14—绝对水平位移测表

图2-10 平推法直剪试验安装示意图

图2-11　混凝土与岩体模拟直剪试验设备

为105 MPa。

（2）传力柱：无缝钢管1套，要求钢管必须有足够的刚度和强度。

（3）钢垫板：用45号钢制成，1套，其面积可根据试体尺寸而定。

（4）滚轴排：1套，面积根据试体尺寸而定。

4. 测量系统

（1）压力表：精度为一级的标准压力表1套，测油压用。

（2）千分表：8~12只。

（3）磁性表架：8~12只。

（4）测量表架：工字钢2根。

（5）测量标点：有机玻璃或不锈钢。

5. 反力系统

若试验在平硐中进行，则不需要另外的反力装置，直接利用岩体承担反力；若在井巷、露天场地的试坑或平的岩体表面进行，则需要安装加荷系统的反力装置，一般是打地锚。

6. 辅助系统

（1）安装工具：1套。

（2）浇捣混凝土工具：1套。

（3）照相设备：1套。

三、试验步骤及技术要求

（一）试验前的地质描述

地质描述可为试验成果的整理分析和计算指标的选择提供可靠依据，并为综合评价岩体工程地质性质提供依据。具体内容包括：

（1）试验地段开挖、试体制备方法及出现的问题。

（2）试点编号、位置、尺寸。

（3）试段编号、位置、高程、方位、深度、硐室断面形状和尺寸。

（4）岩石岩性、结构、构造、主要造岩矿物、颜色等。

（5）各种结构面的产状、分布特点、结构面性质、组合关系等。

（6）岩体的风化程度、风化特点、风化深度等。

（7）水文地质条件，包括地下水类型、化学成分、活动规律、出露位置等。

（8）岩爆、硐室变形等与初始地应力有关的现象。

（9）试验地段地质横剖面图、地质素描图、钻孔柱状图、试体展开图等。

（二）试点选择及整理

1. 试点选择

同一组试体（不少于5块），选用工程地质条件相同地段，试体受力大小、方向及裂隙相对位置等应尽量接近实际工程工作条件，尽可能位于同一高程上，试体间距应大于1.5倍试体最短边长，以免受力后变形互相影响。

2. 试点整理

在所选试点上，对硐顶板及斜向（或水平）推力后座大致加工平整。预浇混凝土地基面起伏差控制在试体边长的1%～2%（沿推力方向），试体范围外起伏差约为试体边长的10%。（平推法同时开挖放置水平千斤顶的坑槽）

（三）浇筑混凝土试体

根据《工程岩体试验方法标准》（GB/T 50266—2013），试体布置、制备、加工尺寸应符合如下规定：

（1）试体宜加工成方形体（或楔形体），每组试体数量不宜少于5个，并尽可能处在同一高程。

（2）试体剪切面积不宜小于2500 cm^2，边长不宜小于50 cm，试体高度不宜小于边长的1/2，试体间距应大于1.5倍试体最短边长。在浇筑混凝土之前，应用清水将地基清洗干净。浇筑混凝土时，应埋设测量标点。与此同时，制备一定量的混凝土试体，在正式试验前测定其强度，以供分析资料用。

（3）试体的推力部位应留有安装千斤顶的足够空间，平推法应开挖千斤顶槽。

（4）试体浇筑完毕，即可注水饱和，同时对混凝土进行养护，待28天后，即可进行试验。有时因工作需要需提前进行试验，在浇筑混凝土时可适当添加速凝剂，待混凝土标号达到要求后即可开始试验。

（四）安装垂直加荷系统

在试体顶面铺一层橡皮板或砂浆垫层，垫层上放传压钢板，并用水平尺找平，然后依次放置滚轴排、钢垫板、液压千斤顶、传力柱和顶部钢垫板等（滚轴排视具体情况也可放于顶部）。整个垂直加荷系统必须与剪切面垂直，垂直合力应通过剪切面中心。

（五）安装侧向剪切加荷系统

安装斜向千斤顶时须严格定位，斜向推力作用方向与剪切面的夹角一般为12°～17°，一般用15°，使千斤顶的轴线穿过剪切面中心，力争剪切面受力均匀。

安装水平千斤顶时须严格定位，水平推力应通过预定的剪断面。当难以满足此要求时，着力点距剪切面距离应控制在试件边长（沿剪切方向）的5%以内，试验前应对此距离进行实测记录，供资料分析用。

（六）布置安装测表

（1）混凝土试体两侧靠近剪切面的4个角点处，布置水平向和垂直向测表各4只，测量绝对变形。

（2）根据需要可在试体及其周围基岩面上，安装测量绝对位移和相对位移的测表。

（3）测表支架应牢固地安装于支点上，支点位于变形影响范围以外，最好是简支梁形式。

（4）支架固定后安装测表。

（七）加荷分析

1. 斜推法试验

首先应对每一个试体施加一定的垂直荷载，然后施加斜向剪切荷载进行试验。由于斜向荷载可分解为平行于剪切面的切应力和垂直剪切面的正应力，故一旦加上斜向荷载，剪切面上的正应力随之增加这个分量。从而出现了正应力的处理问题，即在剪切过程中剪切面上的正应力是保持常数还是变数的问题。国外对这个问题持不同看法。国内大致采用以下三种方式来处理：一是随着斜向荷载的施加，同步减小垂直压力表读数，使剪切面上的正应力在整个剪切过程中始终保持常数；二是在施加斜向荷载时，始终不调整垂直压力表读数（实际上垂直压力表读数在增加），此时剪切面上的正应力是变数；三是在施加斜向荷载时，同步调整垂直压力表读数，使压力表读数始终保持在初始读数上。此时加于试体的正应力也是变数。第一种方法称为常正应力法，后两种方法称为变正应力法。当正应力为变数时，剪切面上的应力条件比较复杂，而且作出的剪应力－剪位移曲线图形失真，对试验成果的整理和分析都带来困难。故现行规范规定按常正应力法试验。

为此，在试验前，要求我们设计出试体应施加多大的垂直荷载和斜向荷载（图2－12），才能使试验顺利进行。

1）应力计算

压力计算公式见式（2－10）、式（2－11）。

2）最大单位推力 q_{max} 的估算

在试验进行之前，需要预估试体发生剪切破坏时的最大单位推力 q_{max}，从而计算出斜向总荷载 Q。据此，可在试验过程中分级施加斜向推力，直至试体剪断。在极限状态下，应力条件应满足莫尔－库仑定律：

$$q_{max}\cos\alpha = \sigma\tan\varphi + c \quad (2-12)$$

$$q_{max} = \frac{\sigma\tan\varphi + c}{\cos\alpha} \quad (2-13)$$

因此，只要预估出剪切面上的 f（摩擦因数，$\tan\varphi$）、c 值，α、σ 可给定，即可计算 q_{max}。然后乘以剪切面积 F 就是 Q_{max}，按 Q_{max} 分级加载试验。

3）同步加减荷载计算

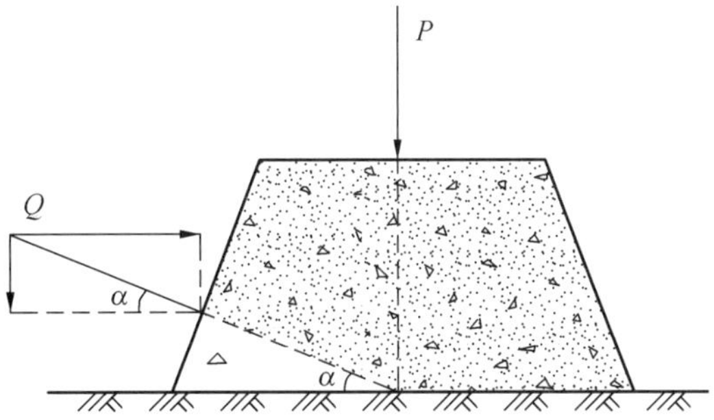

P—作用于试体上的垂直荷载；*Q*—作用于试体上的斜向荷载；*α*—斜向推力方向与剪切面之间的夹角

图 2-12 斜推法试验

在试验过程中，为了保持剪切面上的正应力 σ 为常数，逐级施加 q 的同时须同步减少 p 值。同步加减的荷载按下式计算：

由
$$\sigma = p + q\sin\alpha \tag{2-14}$$

得
$$p = \frac{P}{F} = \sigma - q\sin\alpha \tag{2-15}$$

4）最小正应力 $\sigma_{\min}$ 的确定

为了避免试验过程中 p 值不够减的情况发生，必须首先确定剪切面上的最小正应力 $\sigma_{\min}$ 值。为使剪切时 $p \geqslant 0$，即

$$\sigma - q\sin\alpha \geqslant 0 \tag{2-16}$$

在极限状态下，还应满足式（2-12）。

建立联立方程组
$$\begin{cases} \sigma - q\sin\alpha = 0 \\ q\cos\alpha = \sigma\tan\varphi + c \end{cases} \tag{2-17}$$

解得

$$\sigma_{\min} = \frac{c}{\cot\alpha - \tan\varphi} \tag{2-18}$$

把根据试体实际情况估计的剪切面的 f、c、α 值代入式（2-18），即可计算出剪切面上所需施加的 $\sigma_{\min}$ 值。如小于此值，将会出现 p 值不够减的情况。显然，对 f、c 值的估计应接近剪切面的实际值；估计值偏大时，试体破坏时的斜向荷载 Q 将达不到设计的值；估计值偏小时，同样会出现 p 值不够减的情况。

2. 平推法试验

不需要减少 p 值，但试验前也要对剪切荷载进行估算。在极限平衡状态下，剪切面上的应力条件符合莫尔-库仑定律：

$$\frac{Q_{\max}}{F} = \sigma\tan\varphi + c \tag{2-19}$$

得

$$Q_{\max} = (\sigma\tan\varphi + c)F \tag{2-20}$$

如果根据岩性、构造等条件，预估出f、c值，代入式（2－20）即可估算出试体剪切破坏时的最大剪切荷载，方便在试验过程中分级施加。

（八）仪器的标定、检测

试验前，根据对千斤顶（或液压枕）作的标定曲线和试体剪切面积，计算施加的荷载和压力表读数对应关系，检查各测表的工作状态，测读初始读数。

（九）施加垂直荷载

（1）在每组（4～5个）试体上分别施加不同的垂直荷载，加于试体上的最大垂直荷载以不小于设计法向应力为宜。当剪切面有软弱物充填时，最大法向应力以不挤出充填物为限。

（2）对每个试体分4～5级施加垂直荷载。加载用时间控制，每隔5 min加一次，加荷后立即读数，5 min后再读一次，即可施加下一级荷载。当加至预定荷载时，仍需每隔5 min读一次数，连续两次垂直变形之差小于0.01 mm即认为稳定，可以施加水平荷载。

（十）施加剪切荷载

（1）按时间控制：开始按最大剪切荷载的10%分级施加。隔5 min加荷一次，每级荷载施加前后各测读变形一次。当所加荷数引起的水平变形大于前一级的1.5～2倍时，剪切荷载减至按5%施加，直至剪断，临近剪断时应密切注视和测记压力变化情况及相应的水平变形（压力与变形应同步观测），整个剪切过程中垂直荷载须始终保持常数。

（2）按变形控制：方法基本同上，只是每级剪切荷载施加后每隔一定时间读数一次，直到最后相邻两次或三次测读的变形小于某一定值，即认为稳定，方可加下一级荷载。

从目前资料看，对剪切荷载的施加，国外大部分采用变形控制法。国内在20世纪50年代大都按照苏联的方法，即采用变形控制法，近年来转向以时间控制。试体剪断后，可进行剪断面的抗摩擦试验。

在直剪试验过程中，设计了荷载和位移自动记录系统，对水平、竖向荷载和位移随时间的变化进行记录，并绘制相应时程曲线。其中根据水平荷载时程曲线、水平位移平均值时程曲线的变化规律，即当结构面发生剪切破坏时，水平荷载值瞬间降低，水平位移值瞬间增大，可判断出岩体发生剪切破坏所对应的时间点，进而判定一定正应力条件下对应的水平最大剪应力值，即试验块体与岩体之间的剪切强度。

四、试验资料整理

法向应力、剪切应力的计算，试验曲线绘制，抗剪强度参数的确定，试验误差分析部分内容见本书第一章第二节相关内容。

1. 剪切刚度系数的确定

按下式确定：

$$k_s = \frac{\tau}{u_s} \tag{2-21}$$

式中　u_s——一定剪应力τ下的剪切位移（水平位移），由$\tau-u_s$曲线可以确定，mm。

2. 试体尺寸的影响

岩体是含有节理、裂隙、层面和断层等要素的地质体。一般认为，试体应具有一定数量的裂隙条数（100～200 条），或其边长大于裂隙平均间距的 5～20 倍。结合《现场岩石抗剪强度试验建议方法》和国内经验，规定如下：一般岩体，试体为 70 cm × 70 cm × 70 cm；对完整坚硬岩石，试体为 50 cm × 50 cm × 50 cm，试体受压剪切面积大于 2500 cm^2。

第四节 岩石点荷载强度试验

岩石强度指标是岩石的工程建筑设计的主要技术参数之一，其试验数据是否正确，对工程安全及造价影响很大。常见的岩石强度试验有单轴压缩试验、单轴拉伸试验、巴西劈裂试验、假三轴试验和点荷载试验。这几种常见试验方法均被写入国家规范，其中大部分试验是在工地取得岩芯送到实验室，按照要求用专门机械加工试样，在压力机上进行试验，耗费了大量人力物力，并且由于常规试验的试件数量有限，且岩石数据的离散性很强，使得试验数据的代表性和可靠性受到很大影响。特别是对软弱岩石、严重风化和节理发育的岩石，由于取不出完整岩芯或者岩石试件无法加工成标准试件，不能采用常规的岩石试验来测定其强度，成为岩石强度测试中的一个难题。

点荷载试验的仪器小型轻便，并可用不规则岩块做试验，为在实地开展岩石力学试验开辟了道路，填补了软弱岩石强度鉴定的空白。国际岩石力学与工程学会（ISRM）已正式将点荷载试验作为测定岩石强度的推荐方法之一，并推广将点荷载试验的测试技术应用于生产实践。

一、试验原理

岩石的点荷载试验可用来测定岩石的抗拉强度。根据岩石的抗拉强度与抗压强度之间的内在联系，由点荷载试验结果换算出岩石的抗压强度，可为岩石分级及按经验公式计算岩石的抗压强度参数提供依据。

试件在一对点荷载作用下发生破坏，主要是由于加荷轴线上的拉应力引起的，其破坏机制为张破裂。试验表明，不同形状的试件在点荷载作用下，其加荷轴附近的应力状态基本相同，这为采用不同形状及不规则试件进行点荷载试验提供了理论依据。点荷载试验得出的基本力学指标是点荷载强度指数，其计算公式为

$$I_s = \frac{P}{D_e^2} \tag{2-22}$$

式中 P——作用于试件破坏时的荷载值，kN；

D_e——等效岩芯直径，对于钻孔岩芯径向试验，$D_e^2 = D^2$（D—岩芯直径）；对于岩芯的轴向试验、方块体以及不规则岩块试验，$D_e^2 = \frac{4A}{\pi}$（$A = DW$，D—试件上、下两加荷点间距离；W—试件破裂面垂直于加荷轴的平均宽度），mm。

试验表明，同一种岩石当试件尺寸不同时，对点荷载强度会产生影响，因此《工程岩体试验方法标准》（GB/T 50266—2013）中规定以 $D = 50$ mm 时的点荷载强度为基准，当 D 值不等于 50 mm 时，需对点荷载强度进行修正，其修正公式为

$$I_{s(50)} = FI_s \tag{2-23}$$

$$F = \left(\frac{D_e}{50}\right)^m \tag{2-24}$$

式中　F——尺寸修正系数；

m——修正指数，由同类岩石的经验值确定，国际岩石力学与工程学会（ISRM）建议 $m=0.45$，近似取 $m=0.5$。

我国《工程岩体分级标准》(GB/T 50128—2014）中给出的岩石单轴饱和抗压强度和抗拉强度与点荷载强度指数的换算关系式为

$$R_c = 22.82 I_{s(50)}^{0.75} \tag{2-25}$$

$$\sigma_t = K_1 I_{s(50)} \tag{2-26}$$

二、试验设备

本次试验采用 DJ－70 型点荷载仪（图 2－13）。DJ－70 型点荷载仪由框架、加压系统和荷载测量系统等部分组成。框架确定容纳试件的最大直径为 110 mm。框架主要由底座、油缸、立柱、顶板和加荷圆锥头组成。加荷圆锥头采用国际标准，锥顶角为 60°，锥端部曲率半径为 5 mm，油缸活塞移动的最大行程为 50 mm。加荷设备主要是手动油泵，通过高压油管和快速接头与油缸连接，手动油泵的加荷能力为 70 kN。荷载的量测采用电测，试件的尺寸量测采用游标卡尺。

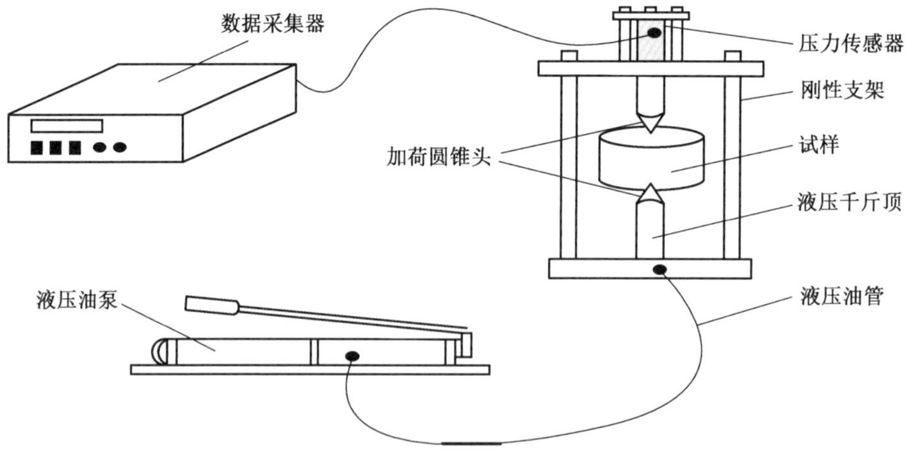

图 2－13　DJ－70 型点荷载仪

三、试验步骤及技术要求

1. 试件制备

试样应取自工程岩体，具有代表性。可利用钻孔岩芯，或在基岩露头、勘探坑槽探硐、巷道中采取岩块。试件应完整，在取样及制备过程中避免产生裂缝。

试件尺寸应符合下列规定：

（1）当采用岩芯试件做径向试验时，试件的长度与直径之比不应小于1.0；做轴向试验时，加荷两点距离与试件直径之比为0.3～1.0。

（2）当采用方块体或不规则块体试件时，加荷两点距离宜为30～50 mm；加荷两点间距离与垂直于加荷轴向平均宽度之比为0.3～1.0，试件长度应小于加荷两点间距离。

若采用岩芯试件，每组试验试件数量应为5～10个；采用不规则试件时，每组试件数量为15～20个。同组试验的试件应保持基本相同的含水状态及风化（新鲜）状态，以免试验数据出现较大的离散性。

2. 开始试验

（1）首先用游标卡尺测量试件尺寸并记录。

（2）用高压油管连接点荷载仪框架、压力表、油缸与手动油泵。

（3）采用岩芯径向试验时，将岩芯试件放在球端圆锥之间，使上、下锥头与试件直径两端紧密接触，接触点距试件端面的最小距离应不小于加荷点间距的1/2。岩芯轴向试验时，将岩芯试件放在球端圆锥之间，使上、下锥头位于岩芯试件的圆心并与试件紧密接触。采用方块体或不规则岩块试验时，一般选择试件最小尺寸方向为加荷方向。将试件放入球端圆锥之间，使上、下锥头位于试件中心处并与试件紧密接触，接触点距试件自由端的距离应不小于加荷点间距的1/2。

（4）用手动油泵均匀施加荷载，使试件在10～60 s内破坏，记录破坏荷载。

（5）试件破坏后，确认试验是否有效，对于有效试件量测破坏面加荷点间距及垂直于加荷点连线的平均宽度，求出破坏面积。

四、试验资料整理

（1）按式（2－22）计算岩石点荷载强度指数 I_s（未修订）。

（2）径向试验时，应按下式计算等效岩芯直径 D_e：

$$D_e^2 = D^2 \tag{2-27}$$

或

$$D_e^2 = \frac{4A}{\pi} \tag{2-28}$$

（3）岩芯轴向及方块体或不规则块体试验时，应按下式计算等效岩芯直径 D_e：

$$D_e^2 = \frac{4WD}{\pi} \tag{2-29}$$

式中 D——加荷点间距离，mm；

A——通过两加载点的最小截面积，mm^2；

W——通过两加载点的最小截面平均宽度，mm。

（4）按式（2－23）、式（2－24）计算点荷载强度指数。

（5）确定岩石的单轴抗压强度和抗拉强度。

试验数据记录及处理见表2－1、表2－2。理论上去掉3个最大值和3个最小值，本次数据处理中由于同种岩性的岩石样品不足，故将表格中灰色部分明显偏离的数据去掉，取十组数据计算平均值作为所求强度值。

试验中共做 n 种岩性岩石的点荷载试验，分别求得 n 种岩性岩石的平均单轴抗压强度和抗拉强度。

表2-1 点荷载试验记录表1

试样编组						岩石名称				
试样形状						试验日期				
试件编号	加荷方向	试件尺寸/mm			等效岩芯直径 D_e/cm	荷载值 P/kN	点荷载强度指数/MPa		岩石单轴抗压强度 R_c/MPa	岩石单轴抗拉强度 R_t/MPa	描述
		L	W	D			I_s	$I_{s(50)}$			

表2-2 点荷载试验记录表2

试样编组				岩石名称				
试样形状				试验日期				
D/cm	L/cm	P/kN	等效岩芯直径 D_e^2/cm²	点荷载强度指数 I_s/MPa	尺寸修正系数 F	修正后的荷载强度指数 $I_{s(50)}$/MPa	岩石单轴抗拉强度 R_t/MPa	岩石单轴抗压强度 R_c/MPa

第五节　回弹仪测试岩体强度试验

回弹仪是一种便携式测试仪器，利用它不仅可以揭露工程地质问题、评价岩体质量，而且还可以对软弱、不易取样的岩石及风化的裂隙壁面进行测试。

用回弹仪测定岩体的抗压强度具有操作简便和测试迅速的优点，是岩土工程勘察对岩体强度进行无损检测的手段之一。特别是在工程地质测绘中，使用这一方法能较方便地获得岩体抗压强度指标。

一、试验原理

根据刚性材料的抗压强度与冲击回弹高度在一定条件下存在某种函数关系的原理，利用岩体受冲击后的反作用，使弹击锤回跳的数值即为回弹值 R。此值愈大，表明岩体愈富弹性，愈坚硬；反之，说明岩体软弱，强度低。

据研究，岩体回弹值 R 和岩体重度 γ 的乘积与岩体抗压强度呈线性关系，因此只要测得回弹值和重度，即可求取岩体的抗压强度 σ_{cm}。

二、试验设备

回弹仪又称回弹锤，国际通用型号有 L、N、M 三种，是按其锤击动能的大小划分的，各型号的锤击能量为：L 型为 0.735 J，N 型为 2.207 J，M 型为 29.420 J。它们分别用于不同规格尺寸的试件。

ZBL－S210 型回弹仪（图 2－14）的锤击能量为 2.207 J，属中型回弹仪，是目前应用最为广泛的一种。

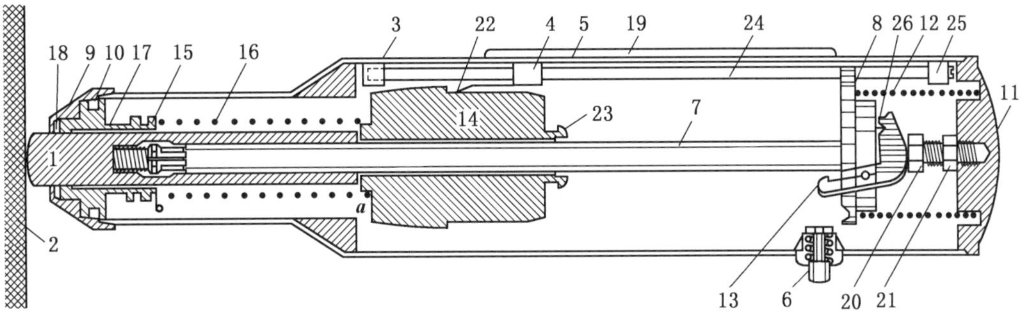

1—弹击杆；2—混凝土；3—体甲；4—指针滑块；5—刻度尺；6—按钮；7—中心导杆；8—导向板；9—盖帽；10—卡环；11—尾盖；12—压力弹簧；13—挂钩；14—冲击锤；15—缓冲弹簧；16—拉力弹簧；17—袖套；18—密封圈；19—护尺透明片；20—调整螺丝；21—紧周螺母；22—弹簧片；23—铜套；24—指针导杆；25—固定块；26—弹簧

图 2－14 ZBL－S210 型回弹仪结构示意图

三、试验步骤及技术要求

（一）试验前准备

1. 回弹仪的标准状态检查

质量合格的回弹仪应符合下列标准状态的要求：

（1）当回弹仪水平弹击时，弹击锤脱钩的瞬间，回弹仪的标称动能应与其型号相符。

（2）弹击锤与弹击杆碰撞的瞬间，弹击拉簧应处于自由状态，此时弹击锤起跳点应相应于刻度尺上的“0”处。

（3）在洛氏硬度 HRC 为 60±2 的钢砧上，回弹仪的标定值[N]应为 80±2。

（4）当以上标准状态检查不具备条件时，在下列情况下应把回弹仪送检定单位校验：①新回弹仪启用前；②超过检定有效期限（有效期为一年）；③累计弹击次数超过 6000 次；④弹击拉簧、拉簧座、弹击杆、缓冲压簧、中心导杆、导向法兰、弹击锤、指针轴、指针片、挂钩及调零螺丝等主要零件之一经过更换后；⑤弹击拉簧前端不在拉簧座原孔位或调零螺丝松动；⑥遭受严重撞击或其他损坏。

2. 测试试件和测试点区的选择

1）测试试件

岩块尺寸要求：在锤击方向上岩块的厚度应大于10 cm，锤击面积大于20 cm×20 cm。

岩芯的尺寸要求：长度和直径的比为2∶1或2.5∶1，其长度不应小于10 cm。

室内经过加工的试件尺寸应为ϕ5 cm×10 cm、5 cm×5 cm×10 cm，不宜小于相应尺寸。

2）岩体测试点区

在工程地质测绘的基础上，选定需要测定回弹值的层位及范围。应尽量选择回弹仪水平测试的测面。每一层位或相同岩性、同一岩体结构类型中所选取的测试点区数应不小于10个。测试点区的岩体表面应尽可能清洁、平整和干燥。

测试点区的面积，以能容纳16个回弹测点为宜。测点不宜重复，测点距试体棱角边缘不宜小于3 cm。

（二）开始试验

在做好以上试验前的准备工作以后，即可操作回弹仪按以下步骤进行试验：

（1）将回弹仪的弹击杆顶住试体表面，轻压仪器，使按钮松开，弹击杆缓缓伸出，并使挂钩挂上弹击重锤。

（2）手握回弹仪使其对测面缓慢均匀施压，待弹击锤脱钩冲击弹击杆后，弹击锤即带动指针向后移动，直至到达一定位置时，即在刻度尺上指示出某一回弹值。

（3）按住回弹仪进行读数并记录回弹值，如条件不利于读数，可按下按钮锁住机心，将回弹仪移至他处读数。

（4）换个测试位置，重复上述步骤即可进行下个测点的测试。

四、试验资料整理

1. 测点数及取舍方法

一般常采用的方法是舍去测点区内测得的16个回弹值中的3个最大值和3个最小值，然后将余下的10个回弹值按下列公式计算平均回弹值：

$$N = \frac{\sum_{i=1}^{10} N_i}{10} \qquad (2-30)$$

式中 N——测试点区平均回弹值，计算至0.1；

N_i——第i个测点的回弹值。

2. 确定岩石的单轴抗压强度

根据每个测试点区的N值和岩石的容重值，查图2-15得岩石的单轴抗压强度。试验结果记入表2-3中。

3. 试验结果分析

回弹仪测试岩体强度试验结果具有一定的随机性，故需多次试验取平均值，以尽可能地消除误差。现对本次试验中n个测点，m个回弹值进行分析，分析结果见表2-3。

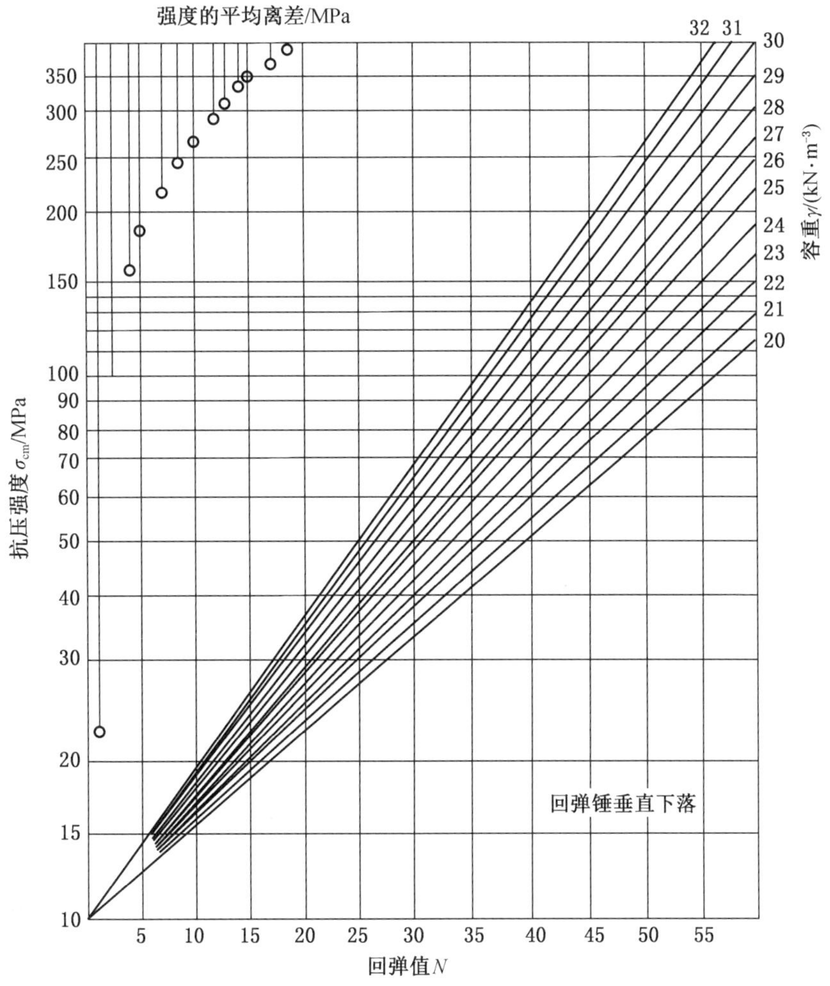

图2－15 回弹值与容重确定单轴抗压强度参考图

表2－3 回弹试验记录表

测点位置	测点编号	回弹值 N	回弹平均值 N	不同测试角度 α/(°)	回弹值修正值 ΔN_a	修正后回弹值 N_a	岩石平均容重/(g·cm^{-3})	单轴抗压强度 R_c/MPa

产生误差的原因：①同一测点岩石的不均匀性，使测试结果具有一定的随机性；②测量时回弹仪不水平，而计算时按水平计算；③试验时人为操作的原因，如加压速率等因素的影响。

第三章 基桩试验与锚杆抗拔试验

第一节 单桩竖向抗压静载试验

在工程实践中，桩基础以承受竖向下压荷载为主。单桩竖向抗压静载试验就是采用接近竖向抗压桩实际工作条件的试验方法，确定单桩竖向抗压极限承载力；判定竖向抗压承载力是否满足设计要求；通过桩身内力及变形测试测定桩侧、桩端阻力，验证高应变法及其他检测方法的单桩竖向抗压承载力检测结果。

一、试验原理

单桩竖向抗压静载试验的基本原理是将竖向荷载均匀地传至建筑物基桩上，通过实测单桩在不同荷载作用下的桩顶沉降，得到静载试验的 $Q-s$ 曲线及 $s-\lg t$ 等辅助曲线，然后根据曲线推求单桩竖向抗压承载力特征值等参数。

二、试验设备

1. 加载装置

试验加载宜采用液压千斤顶。当采用 2 个或 2 个以上千斤顶加载时，要求采用的千斤顶型号、规格应相同，千斤顶的合力中心应与受检桩的横截面形心重合。

千斤顶的加载反力装置可根据现场实际条件取下列三种形式之一。

（1）锚桩横梁反力装置（图 3－1）。锚桩横梁反力装置能提供的反力应不小于预估最大试验荷载的 1.2 倍。采用工程桩作锚桩时，锚桩数量不得少于 4 根，并应对试验过程锚桩上拔量进行监测。另外，还应对锚桩的桩侧土阻力、钢筋、接头进行验算，并满足抗拔承载力要求。

（2）压重平台反力装置（图 3－2）。压重量不得少于预估最大试验荷载的 1.2 倍；压重应在试验开始前一次加足，并均匀稳固地放置于平台上，且压重施加于地基的压应力不宜大于地基承载力特征值的 1.5 倍。

（3）锚桩压重联合反力装置。当试桩最大加载量超过锚桩的抗拔能力时，可在横梁上放置或悬挂一定重物，由锚桩和重物共同承受千斤顶加载反力。

2. 荷载与沉降的量测仪表

荷载可用放置于千斤顶上的应力环、应变式压力传感器直接测定，或采用联于千斤顶的压力表测定油压，根据千斤顶标定曲线换算荷载。

试桩沉降一般采用百分表或位移传感器量测。对于大直径桩应在其 2 个正交直径方向对称安置 4 个位移测试仪表，中等和小直径桩可安置 2 个或 3 个位移测试仪表。沉降测定

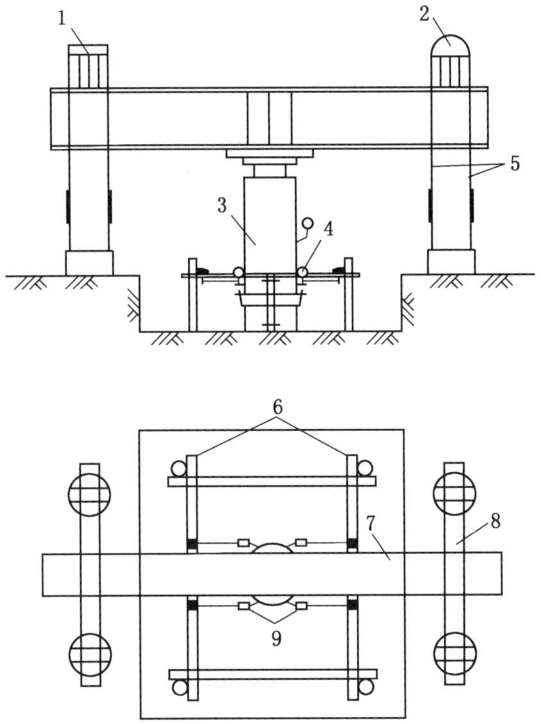

1—厚钢板；2—硬木包钢皮；3—千斤顶；4、9—百分表；5—锚筋；6—基准桩；7—主梁；8—次梁

图3-1 锚桩横梁反力装置示意图

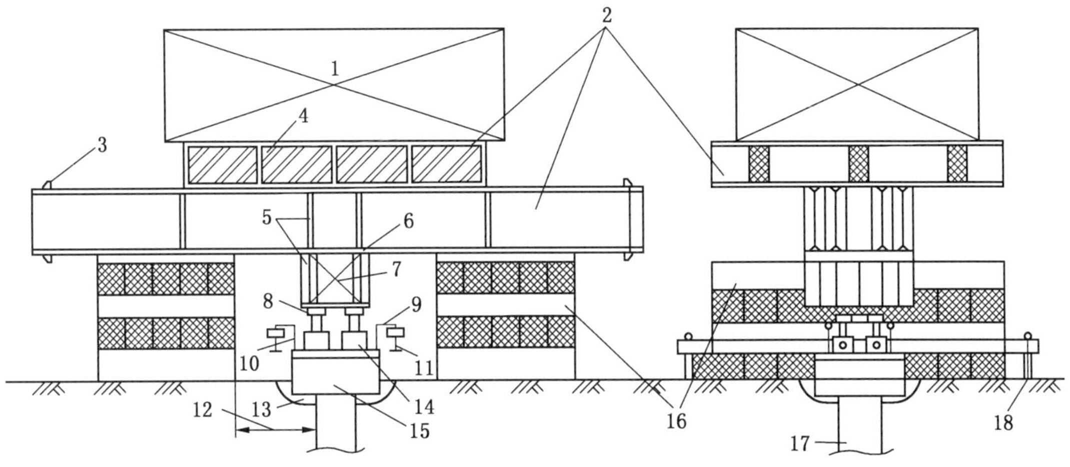

1—堆载；2—堆载平台；3—连接螺杆；4—木垫块；5—通用梁；6、7—十字撑；8—测力环；9—支架；10—千分表；11—槽钢；12—最小距离；13—空隙；14—液压千斤顶；15—桩帽；16—土垛；17—试桩；18—千分表支架

图3-2 压重平台反力装置示意图

平面宜在桩顶200 mm以下位置，固定和支撑位移测试仪表的夹具和基准梁不得受气温、振动以及其他外界因素的影响。

试桩、锚桩（或压重平台支力墩边）和基准桩之间的中心距离应符合表3-1的规定。

表3-1 试桩、锚桩（或压重平台支力墩边）和基准桩之间的中心距离

反力系统	距离		
	试桩与锚桩或压重平台支力墩边	试桩与基准桩	基准桩与锚桩或压重平台支力墩边
锚杆横梁反力装置	≥4d且>2.0 m	≥4d且>2.0 m	≥4d且>2.0 m
压重平台反力装置	≥4d且>2.0 m	≥4d且>2.0 m	≥4d且>2.0 m

注：d—试桩或锚桩的设计直径，m。

三、试验步骤及技术要求

1. 试验加载方式

（1）采用慢速维持荷载法，即逐级加载，每级荷载达到相对稳定后加下一级荷载，直到试桩破坏，然后分级卸载到零。为设计提供依据的单桩竖向抗压静载试验应采用慢速维持荷载法。

（2）工程桩验收检测宜采用慢速维持荷载法。当有成熟的地区经验时，也可采用快速维持荷载法。

2. 加载与沉降观测

（1）加载分级：加载分级不宜小于10级，每级加载为最大加载量或预估极限承载力的1/10，其中第一级加载量可取分级荷载的2倍。

（2）沉降观测：每级加载后，按第5 min、15 min、30 min、45 min、60 min测读桩顶沉降量，以后每隔30 min测读一次。

（3）沉降相对稳定标准：每小时的沉降不超过0.1 mm，并连续出现两次（由1.5 h内连续三次观测值计算），即视为稳定，可加下一级荷载。

3. 终止加载条件

当出现下列情况之一时，即可终止加载：

（1）某级荷载作用下，桩顶沉降量大于前一级荷载作用下沉降量的5倍，且桩顶总沉降量超过40 mm。

（2）某级荷载作用下，桩顶沉降量大于前一级荷载作用下沉降量的2倍，且经24 h尚未达到稳定。

（3）已达到设计要求的最大加载量且桩顶沉降达到相对稳定标准。

（4）当工程桩作锚桩时，锚桩上拔量已达到允许值。

（5）当荷载-沉降曲线呈缓变型时，可加载至桩顶总沉降量60~80 mm；在特殊情况下，可根据具体要求加载至桩顶累计沉降量超过80 mm。

4. 卸载与卸载沉降观测

每级卸载值为每级加载值的 2 倍。每级卸载后隔 15 min 测读一次残余沉降，读两次后，隔 30 min 再读一次，即可卸下一级荷载。全部卸载后，应测读桩顶残余沉降量，维持时间为 3 h，测读时间为第 15 min、30 min，以后每隔 30 min 测读一次。

5. 试验要求

为保证试验能够最大限度地模拟实际工作条件，使试验结果更准确更具有代表性，进行载荷试验的试桩必须满足一定要求。

（1）试桩的成柱工艺和质量控制标准应与工程桩一致。

（2）混凝土桩应凿掉桩顶部的破碎层和软弱混凝土，桩头顶面应平整，桩头中轴线与桩身上部的中轴线应重合。

（3）桩头主筋应全部直通至桩顶混凝土保护层之下，各主筋在同一高度上。

（4）距桩顶一倍桩径范围内，宜用厚度为 3 ~5 mm 的钢板围裹或距桩顶 1.5 倍桩径范围内设置箍筋，间距不宜大于 100 mm。桩顶应设置钢筋网片 2 ~3 层，间距 60 ~100 mm。

（5）桩头混凝土强度等级宜比桩身混凝土提高 1 ~2 级，且不得低于 C30。

（6）对于预制桩，如果桩头出现破损，其顶部要在外加封闭箍后浇捣高强细石混凝土予以加强。

（7）开始试验时间：预制桩在砂土中沉桩 7 天后；黏性土中不得少于 15 天；灌注桩应在桩身混凝土达到设计强度后方可进行。

（8）在试桩间歇期内，试桩区周围 30 m 范围内尽量不要产生能造成桩间土中孔隙水压力上升的干扰，如打桩等。

四、试验资料整理

1. 校对原始记录资料

把桩的构造、尺寸、地层剖面，受检桩和锚桩的尺寸、材料强度、配筋情况以及锚桩的数量，土的物理力学性质指标等整理记录，并对成桩和试桩过程中出现的异常现象做补充说明。

2. 绘制试验关系曲线

求得各级荷载作用下的稳定沉降值和沉降值随时间的变化，绘制荷载 - 沉降量（$Q-s$、$\lg Q-\lg s$）曲线和沉降量 - 时间（$s-\lg t$）曲线。这既是静力荷载试验的主要成果，又是分析计算的依据。

当进行柱身应力、应变和桩底反力测定时，应整理出有关数据的记录表和绘制桩身轴向力分布、侧阻力分布、桩端阻力荷载、桩端阻力 - 沉降关系等曲线。

3. 确定极限承载力

单桩竖向抗压极限承载力可按下列方法综合分析确定：

（1）根据沉降随荷载的变化特征确定。对于陡降型 $Q-s$ 曲线，取其发生明显陡降的起始点对应的荷载值。

（2）根据沉降随时间变化的特征确定。取 $s-\lg t$ 曲线尾部出现明显向下弯曲的前一级荷载值。

（3）某级荷载作用下，桩顶沉降量大于前一级荷载作用下沉降的2倍，且经24 h尚未达到相对稳定标准，则取前一级荷载值。

（4）对于缓变型 $Q-s$ 曲线可根据桩顶沉降量确定，宜取 $s=40$ mm对应的荷载值；当桩长大于40 m时，宜考虑桩身弹性压缩量；对于直径大于或等于800 mm的桩，可取 $s=0.05D$（D 为桩端直径）对应的荷载值。

当按上述4种方法判定桩的竖向抗压承载力未达到极限时，桩的竖向抗压极限承载力应取最大试验荷载值。

4. 确定单桩竖向抗压承载力特征值

参加统计的试桩，当满足其极差不超过平均值的30%时，可取其平均值为单桩竖向抗压极限承载力。极差超过平均值的30%时，宜增加试桩数量并分析离差过大的原因，结合工程具体情况确定极限承载力，必要时可增加试桩数量。对桩数为3根或3根以下的柱下承台，或工程桩抽检数量少于3根时，应取低值。将单桩竖向抗压极限承载力除以安全系数2，为单桩竖向抗压承载力特征值。

第二节　基桩低应变测试

桩基是工程结构常用的基础形式之一，属于地下隐藏工程，施工技术比较复杂，工艺流程相互衔接紧密，施工时稍有不慎极易出现断桩等多种形态复杂的质量缺陷，影响桩身的完整性和桩的承载能力，从而直接影响上部结构的安全。因此，对桩基质量的无损检测具有特别重要的意义。低应变法是通过应力波在桩身内的传播和反射原理，对桩进行结构完整性评价。动力测桩与静载试验相比，具有设备轻便、检测速度快和费用较低等优点，因而有可能适当增加测桩的抽样数量。

基桩的动力测试，一般是在桩顶施加一激振能量，引起桩身振动，利用特定仪器记录桩身的振动信号并加以分析，从中提取能够反映桩身性质的信息，利用波动理论或机械阻抗理论对记录结果加以分析，从而达到确定桩身材料强度、检查桩身的完整性、评价桩身施工质量和桩身承载力等目的。

一、试验原理

桩基作为一种重要的常用基础形式，当其他形式的基础不能满足建筑物的稳定或沉降要求时，通常采用这种基础，其质量直接关系到整个建筑物的结构安全。但由于桩基通常深埋于地下，具有高度隐蔽性，无论是设计还是施工方面都要比上部结构更为复杂，常常出现各种缺陷（如缩颈、夹泥、离析、断桩等）。为保证桩基质量，就必须对桩基质量进行检测。

低应变法是在桩顶沿垂直方向激发沿桩身传播的弹性应力波，由于桩底持力层及桩身质量缺陷位置上的波阻抗与正常混凝土波阻抗存在差异，通过分析缺陷位置反射波和透射波的特性来分析判断桩截面面积变化及桩身材料密实度的变化情况。

（一）弹性波的传播问题

在弹性固体介质中的一切质点间都以黏聚力的形式彼此紧密联系着，所以任何一个质点振动的能量都可以传递给周围质点，引起周围质点的振动。质点振动在弹性介质中的传播过程称为波动。振动是以波动的形式向周围传播，这种波称为弹性波（应力波）。弹性波的特点可以通过波的振幅、频率、波速及衰减程度等来描述。弹性波的这些特点一般与引起振动的外力特性和弹性固体介质的性质有关。通常将介质性质对波特性的影响问题称为弹性波的传播问题。

（二）一维波动方程

假定桩身是一个连续的一维均质杆件，因此每一个截面处的振动都是相同的。现从杆件中截取 Δx 进行分析，假设相邻截面的坐标分别为 x 和 $x+\Delta x$，因此可以得出单元的质量为 $\rho A\Delta x$（ρ 是密度，A 是面积）。令 u 为单元的位移，那么根据达朗贝尔原理有

$$A\sigma+\frac{\partial(A\sigma)}{\partial x}\mathrm{d}x-A\sigma-\rho A\mathrm{d}x\,\frac{\partial^2 u}{\partial t^2}=0 \tag{3-1}$$

根据虎克定律，应力与应变之比等于弹性模量 E，可写成

$$A\sigma=EA\varepsilon=EA\,\frac{\partial u}{\partial x} \tag{3-2}$$

对以上两式合并移项得到

$$\frac{\partial^2 u}{\partial t^2}=\left(\frac{E}{\rho}\right)\frac{\partial^2 u}{\partial x^2} \tag{3-3}$$

又若令

$$c=\sqrt{\frac{E}{\rho}} \tag{3-4}$$

那么式（3－3）可以改写成

$$\frac{\partial^2 u}{\partial t^2}-c^2\,\frac{\partial^2 u}{\partial x^2}=0 \tag{3-5}$$

弹性波在杆件中传播满足此方程。由于没有考虑阻力的作用，故式（3－5）又称为自由波动方程，式中 c 是弹性波的传播速度，又称为纵波波速。

（三）波动中质点的振动特点

若相距为波长整数倍的两个质点，对于任何时刻 f，这两个质点的振动位移均满足 $u_1=u_2$，这两个质点的振动位移具有大小相等、方向相同的特点。而距离为半波长奇数倍的两个质点，则有 $u_1=-u_2$，这两个质点的振动位移具有大小相等、方向相反的特点，通俗来说如果一个质点向上振动，则另一个质点向下振动。

（四）波阻抗特性

研究一维波动方程的通解 $u=f(z-ct)+g(z+ct)$，如果单独研究下行波，下行波的质点运动速度记作 $v\downarrow$，其值为

$$v\downarrow=\frac{\partial f(z-ct)}{\partial t}=f'(z-ct)\cdot(-c)=-cf'$$

下行波产生的应变为

$$\varepsilon\downarrow=\frac{\partial f(z-ct)}{\partial z}=f'(z-ct)\cdot 1=-f' \tag{3-6}$$

式（3－6）中的符号 ε 表示以压缩变形和压应力为正。下行波产生的力为

$$P\downarrow=\varepsilon\downarrow\cdot AE=-AE\cdot f' \quad (3-7)$$

对上式进行变形得 $P\downarrow=\frac{AE}{c}v\downarrow=z\cdot v$，其中 $z=\frac{AE}{c}$为杆件的声阻抗。

（五）反射波法测定桩身质量的基本原理

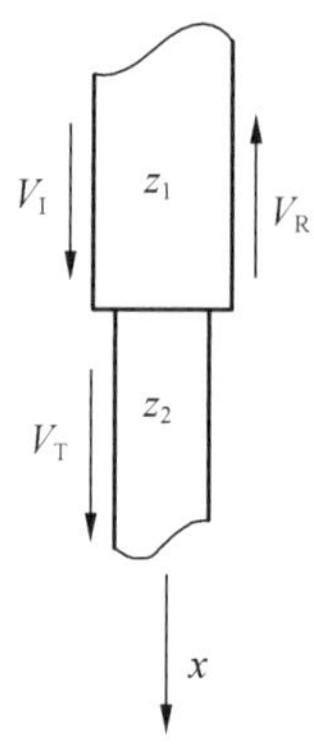

图 3-3 桩身阻抗变化图

反射波法是在桩身顶部进行竖向激振产生弹性波，弹性波沿桩身向下传播，在桩身阻抗存在明显差异的界面（如桩底、断桩和严重离析等）或桩身截面积变化（如缩颈或扩颈）部位（图 3-3），将发生反射波。反射波经接收放大、滤波和数据处理，可以识别来自桩身不同部位的反射信息，根据桩身不同部位的反射信息可以计算桩身波速，以判断桩身完整性、估计混凝土强度等级并校核桩的实际长度。

先定义几个系数：

反射系数
$$R_r=\frac{z_1-z_2}{z_1+z_2}=\frac{n-1}{n+1} \quad (3-8)$$

透射系数
$$R_t=\frac{2z_2}{z_1+z_2}=\frac{2}{n+1} \quad (3-9)$$

$$z=A\rho c \quad (3-10)$$

式中 z——阻抗，N·s/m；

n——阻抗比；

ρ——桩的密度，kg/m^3；

A——桩的截面积，m^2；

c——波速，m/s。

弹性波在传播过程中，遇到阻抗变化面，会发生同相反射和反相反射。

（1）只有当两种材料的波阻抗值不相等，$z_1-z_2\neq0$，才存在波的反射现象，而且阻抗相差越大，反射就越强，而透射就越弱。由于总有 $R_t\geqslant0$，故透射波总是与入射波是同相位的。

（2）当 $z_1>z_2$，这时反射系数大于0，那么反射波与入射波在分界面上具有相同的相位，这种情况称为同相反射。即是说，反射波与入射波在阻抗变化面上相位相同。

（3）当 $z_1<z_2$，即弹性波从波阻抗小的材料入射到波阻抗大的材料时，这时反射系数小于0，那么，反射波与入射波在分界面上具有相反的相位，这种情况称为反相反射。

造成上述同相反射或反相反射，是由于弹性波入射到波阻抗分界面上时，入射波和反射波所引起的分界面上的应变（和应力）的方向是相反或相同而决定的。有波阻抗差异的界面处或桩截面变化处会产生波的反射现象。利用波阻抗差异，可判断桩身缺陷。桩身界面反射波有下列特征。

1. 完整桩

（1）桩底土阻抗<桩身阻抗，$z_1>z_2$，$R_r>0$，反射波与入射波同相。

（2）桩底土阻抗>桩身阻抗，$z_1<z_2$，$R_r<0$，反射波与入射波反相。完整桩曲线如图 3-4 所示。

2. 桩身扩颈

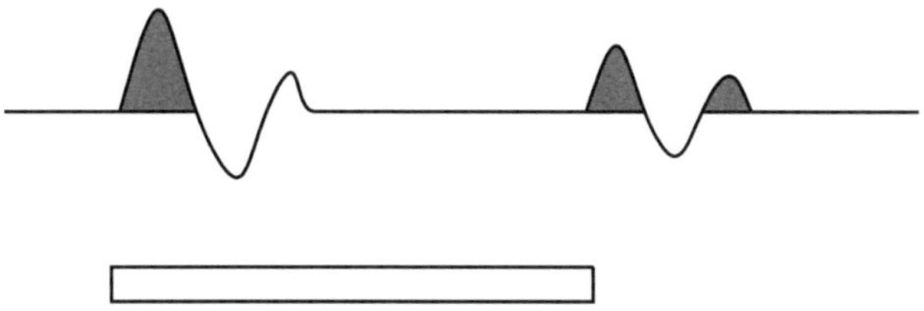

图 3－4　完整桩

$p_1 = p_2$，$c_1 = c_2$，$A_1 < A_2$，$R_r < 0$，反射波与入射波反相。扩颈桩曲线如图 3－5 所示。

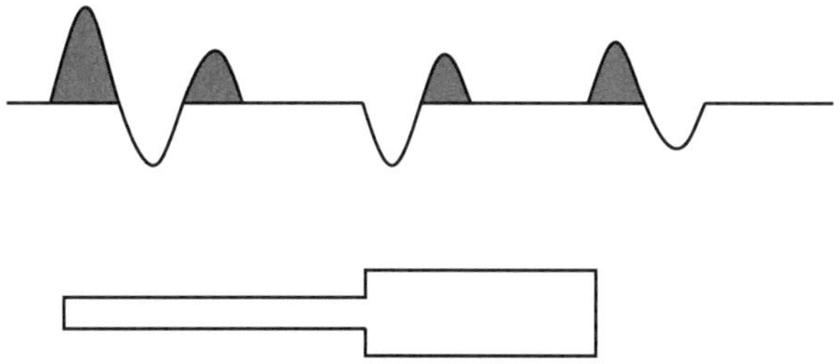

图 3－5　扩颈桩

3. 桩身缩颈

$p_1 = p_2$，$c_1 = c_2$，$A_1 > A_2$，$R_r > 0$，反射波与入射波同相。缩颈桩曲线如图 3－6 所示。

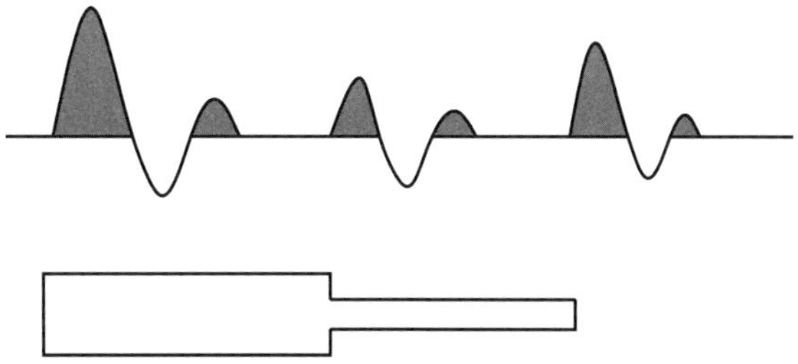

图 3－6　缩颈桩

4. 桩身离析

桩身波速变低，波形曲线不规则，一般见不到桩底反射。属于严重离析情况：$p_1 > p_2$，$c_1 > c_2$，$A_1 = A_2$，$R_r > 0$，反射波与入射波同相。离析桩曲线如图 3－7 所示。

5. 断桩

$A_2 = 0$，$Z_2 = 0$，$R_r = 1$，$R_t = 0$，说明波在断面处全部同相反射。断桩曲线如图 3－8 所示。

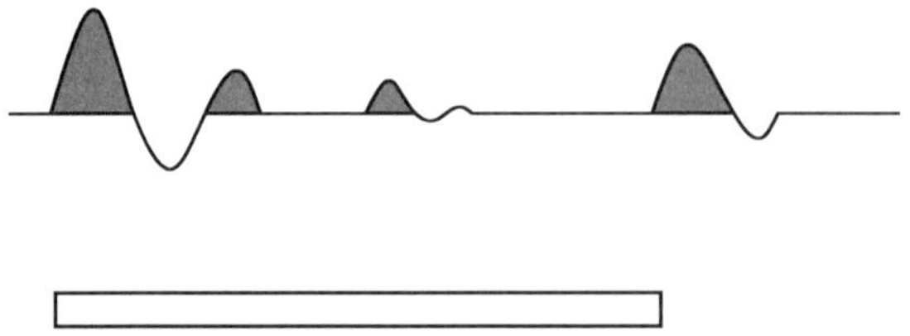

图 3－7　离析桩

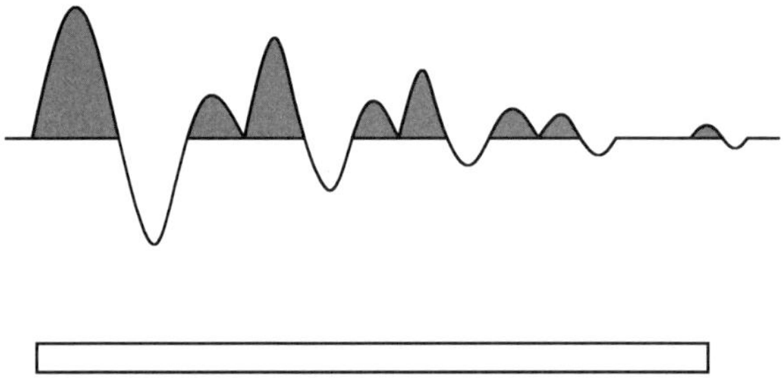

图 3－8　断桩

二、试验设备

灌注桩低应变测试的仪器主要有传感器、放大器、滤波器、数据处理系统以及激振设备和专用附件等。

1. 传感器

传感器是反射波法桩基动测的重要仪器，传感器一般可选用宽频带的速度或加速度传感器。速度传感器的频率范围宜为 10 ~ 500 Hz，灵敏度应高于 300 mV/(cm/s)。加速度传感器的频率范围宜为 1 Hz ~ 10 kHz，灵敏度应高于 100 mV/(cm/s^2)。

2. 放大器

放大器的增益应大于 60 dB，长期变化量小于 1%，折合输入端的噪声水平应低于 3 μV，频带宽度应宽于 1 Hz ~ 20 kHz，滤波频率可调。模数转换器的位数至少应为 8 bit，采样时间间隔至少应为 50 ~ 1000 μs，每个通道数据采集暂存器的容量应不小于 1 kbit，多通道采集系统应具有良好的一致性，其振幅偏差应小于 3%，相位偏差应小于 0.1 ms。

3. 激振设备

激振设备应有不同材质、不同重量之分，以便于改变激振频谱和能量，满足不同的检测目的。激振设备包括能激发宽脉冲和窄脉冲的力锤与锤垫，力锤由锤头和锤柄组成。目前工程中常用的锤头有塑料锤头和尼龙锤头，其激振主频分别为 2000 Hz 左右和 1000 Hz 左右；锤柄有塑料柄、尼龙柄、铁柄等，柄长可根据需要而变化。一般来说，柄越短，则由柄本身振动所引起的噪声越小。当检测深部缺陷时，应选用柄长、重的尼龙锤来加大冲击能量；当检测浅部缺陷时，可选用柄短、轻的尼龙锤。

三、试验步骤及技术要求

（1）对被测桩头进行处理，凿去浮浆，平整桩头，割除桩外露的过长钢筋。

（2）接通电源，对测试仪器进行预热，进行激振和接收条件的选择性试验，以确定最佳激振方式和接收条件。

（3）对于灌注桩和预制桩，激振点一般选在桩头中心部位；对于水泥土桩，激振点应选择在1/4桩径处；传感器应稳固地安置于桩头上，为保证传感器与桩头紧密接触，应在传感器底面涂抹凡士林或黄油；当桩径较大时，可在桩头安放两个或多个传感器。

（4）为了减少随机干扰的影响，可采用信号增强技术进行多次重复激振，以提高信噪比。

（5）为了提高反射波的分辨率，应尽量使用小能量激振并选用截止频率较高的传感器和放大器。

（6）由于面波的干扰，桩身浅部的反射比较紊乱，为了有效识别桩头附近的浅部缺陷，必要时可采用横向激振水平接收的方式进行辅助判别。

（7）每根试桩应进行3～5次重复测试，出现异常波形应立即分析原因，排除影响测试的不良因素后再重复测试，重复测试的波形应与原波形有良好的相似性。

四、试验资料整理

1. 桩身波速平均值计算

当桩长已知、桩底反射信号明显时，选取相同条件下至少5根Ⅰ类桩，按下式计算桩身平均波速：

$$c_m = \frac{1}{n}\sum_{i=1}^{n} c_i \qquad (3-11)$$

$$c_i = \frac{2000L}{\Delta T} \qquad (3-12)$$

$$c_i = 2L \cdot \Delta f \qquad (3-13)$$

式中　c_m——桩身波速平均值，m/s；

c_i——参与统计的第 i 根桩的桩身波速值，m/s；

L——测点下桩长，m；

ΔT——时域信号第一峰与桩底反射波峰间的时间差，ms；

Δf——幅频曲线上桩底相邻谐振峰间的频差，Hz；

n——参与波速平均值计算的基桩数量，$n \geqslant 5$。

也可以根据桩身的混凝土强度等级进行判定，见表3－2。

经验值是针对普通混凝土提出的，仅供参考。高性能混凝土、添加粉煤灰及其他添加剂的混凝土波速与强度等级关系还有待于进一步研究。

表3－2　不同混凝土强度等级的反射波波速经验值

混凝土强度等级	反射波波速范围/(m·s⁻¹)
C20	3000～3400
C25	3400～3700
C30	3700～3900
C40	3900～4100

2. 桩身缺陷位置的计算

$$x=\frac{1}{2000}\cdot \Delta T_x\cdot c \tag{3-14}$$

$$x=\frac{1}{2}\cdot\frac{c}{\Delta f'} \tag{3-15}$$

式中　x——测点至桩身缺陷处的距离，m；

ΔT_x——时域信号第一峰与缺陷反射波峰间的时间差，ms；

$\Delta f'$——幅频曲线上缺陷相邻谐振峰间的频差，Hz；

c——桩身波速，无法确定时用桩身波速的平均值替代，m/s。

第三节　锚杆抗拔试验

锚杆以其工艺简单、支护及时且能充分调动围岩自承能力的技术特点和成本低廉的经济特点，成为提高岩土工程稳定性和解决复杂岩土工程问题最有效的手段之一，在边坡工程、隧道工程、采矿工程和基坑工程等领域得到了广泛应用。但由于锚杆作用在岩体内部，这给测试工作带来了困难，锚杆支护现场抗拔试验是检测锚杆锚固质量的重要手段之一。

一、试验原理

锚杆抗拔试验可用来判定巷道围岩的可锚性，评价锚杆、树脂、围岩锚固系统的性能和锚杆的锚固力。通过抗拔试验，可确定锚杆（索）、土钉抗拔承载力特征值。该试验必须在现场进行，使用的材料和设备与巷道正常支护相同。

通过油泵对千斤顶施加压力，由于千斤顶穿过锚杆，从而千斤顶内筒在压力作用下逐渐移出，移出的量即为锚杆锚头的位移量，可通过锚头位移进行量测得出，千斤顶的压力即对锚杆的拉力可通过油泵上的精密压力表或数显压力表读出。根据拉力和锚头位移关系，可判断锚杆的承载能力。

二、试验设备

试验地点应尽量靠近掘进工作面，围岩较平整，未发生脱落、片帮等现象。试验锚杆应避开钢带（钢筋梯）安装，距邻近锚杆不小于300 mm。

1. 加载装置

加载装置一般采用油压千斤顶，千斤顶的加载反力装置可根据现场情况确定，可以利用工程桩为反力锚桩，也可以采用天然地基提供支座反力。若工程桩中的灌注桩作为反力锚桩时，宜沿灌注桩桩身通长配筋，以免出现桩身破损；采用天然地基提供反力时，施加于地基的压应力不宜超过地基承载力特征值的 1.5 倍；反力梁支点重心应与支柱中心重合；反力桩顶面应平整并具有一定的强度。试桩与锚桩的最小间距也可按表 3－1 来确定。

2. 荷载与变形量测装置

荷载可用放置于千斤顶上的应力环、应变式压力传感器直接测定，也可以采用连接于千斤顶上的标准压力表测定油压，根据千斤顶荷载－油压率定曲线换算出实际荷载值。试桩上拔变形一般用百分表量测，其布置方法与单桩竖向抗压静载试验相同。

SW－500 型锚杆拉拔仪结构如图 3－9 所示。锚杆抗拔试验装置如图 3－10 所示。试验监测点如图 3－11 所示。

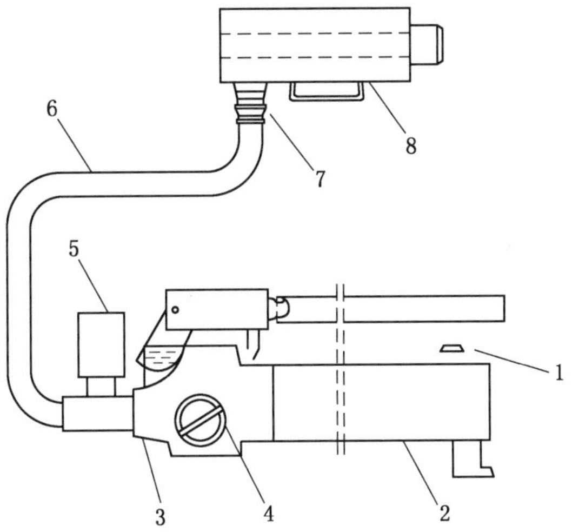

1—注油阀；2—储油筒；3—泵体；4—卸荷阀；5—指针表；6—油管；7—快速接头；8—液压缸

图 3－9　SW－500 型锚杆拉拔仪结构

三、试验步骤及技术要求

1. 检查油量

如液压缸活塞没有完全缩回到缸体内，应首先通过油管连接至手动泵，逆时针方向拧松泵体上的卸荷阀，使液压缸中的液压油排回到手动泵储油筒中。

拧开注油口盖，检查油量，如油不满（储油筒中应留有约 1/5 空间），可加注 N32 号耐磨液压油。

2. 排气

液压系统组装好后，储油筒、油管及液压缸中常混有空气，为使液压系统正常，这些空气必须排掉。方法是拧松注油口盖，以便储油筒内空气排出。将手动泵放在比液压缸稍

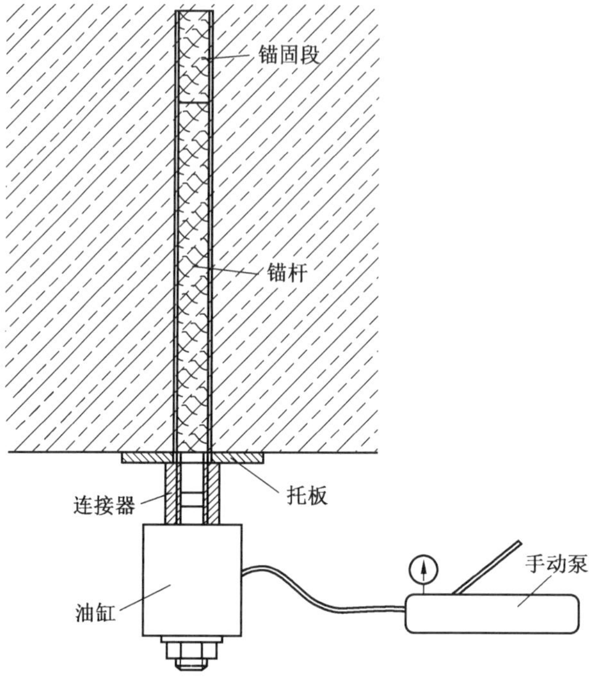

图 3－10　锚杆抗拔试验装置示意图

图 3－11　锚杆抗拔试验监测点

高的地方，顺时针方向拧紧卸荷阀，压手动泵，使液压缸活塞伸出至最大行程，再打开卸荷阀，使活塞缩回，连续几次即可。

3. 检查数字压力表

按动数字压力表的开关键，等待数秒后，自动显示为零。如不为零可按清零键。如在左侧显示“▲”标志，表示为峰值保持状态。在该状态下随着压力的变化仪表始终显示最大值。点动峰值键，显示可以在峰值和跟随值之间转换，当左上角“▲”显示消失时，即为跟随状态，在该状态下显示数值跟随压力变化而改变。当显示屏电量不足时，应及时打开压力表后盖，更换电池。因电池容量有限，每次测读完毕应立即关断电源；为延长电池使用寿命，该仪表配备 7 min 自动断电功能。

在峰值保持状态下按动存储键，可把测量的峰值数据存入数据存储器中。最多可存储 10 个数据。在跟随状态下，按动存储键，仪表进入数据显示状态，按动存储键和峰值键，可向前或向后显示存储的数据。同时按存储键和峰值键，可返回跟随状态。在数据显示状态下，按清零键，可清除正在显示的数据。

4. 检测锚杆

将空心千斤顶置于检测对象上，千斤顶与检测对象同轴心，并用夹具锁定检测对象。在检测对象上部安装位移计，将位移计固定在磁性表架上，并吸附在基准梁上。试验反力由钢性压板传递至满足试验反力要求的地基土（或基岩）上。

试验采用循环加、卸载法，并应符合下列规定：①每级加荷观测时间内，测读锚头位移不应小于 3 次；②每级加荷观测时间内，当锚头位移增量不大于 0.1 mm 时，可施加下一级荷载；不满足时应在锚头位移增量 2 h 内小于 2 mm 时再施加下一级荷载。

加卸载等级与位移观测间隔时间宜按表 3 - 5 确定。如果第六次循环加荷观测时间内，锚头位移增量不大于 0.1 mm 时，可视试验装置情况，按每级增加预估破坏荷载的 10% 进行 1 次或 2 次循环。

5. 终止试验

锚杆试验中出现下列情况之一时可视为破坏，应终止加载：①锚头位移不收敛，锚固体从土层中拔出或锚杆从锚固体中拔出；②锚头总位移量超过设计允许值；③土层锚杆试验中后一级荷载产生的锚头位移增量，超过上一级荷载位移增量的 2 倍。

表3-3　锚杆抗拔试验循环加卸载等级与位移观测间隔时间

加荷标准循环数	预估破坏荷载的百分数/%								
	每级加载量				累计加载量	每级卸载量			
第一循环	10				30				10
第二循环	10	30			50			30	10
第三循环	10	30	50		70		50	30	10
第四循环	10	30	50	70	80	70	50	30	10
第五循环	10	30	50	80	90	80	50	30	10
第六循环	10	30	50	90	100	90	50	30	10
观测时间/min	5	5	5	5	10	5	5	5	5

注意事项：

（1）锚杆拉拔计在试验过程中应固定牢靠。

（2）锚杆拉拔时应缓慢地逐级均匀加载，直到锚杆滑动或杆体破坏为止，并做详细记录。

（3）拉拔锚杆时，拉拔装置下方和两侧不得站人。

（4）拉拔时设专人监视顶板，以保证操作人员安全。

（5）测试锚杆按规定比例测试，选择好测试点，不能做破坏性试验。

（6）拉拔合格的锚杆要挂好合格标签，如发现不合格的锚杆要按规定补打，再进行测试。

（7）拉拔时严禁有人通过，两边放好警戒，以防止工具脱落伤人。

（8）测试后要将锚杆螺母拧紧，保管好设备。

四、试验资料整理

试验完成后，应根据试验数据绘制荷载－位移（$Q-s$）曲线、荷载－弹性位移（$Q-s_e$）曲线和荷载－塑性位移（$Q-s_e$）曲线。

单根锚杆的极限承载力取破坏荷载前一级的荷载量；在最大试验荷载作用下未达到破坏标准时，单根锚杆的极限承载力取最大荷载值。

锚杆试验数量不得少于 3 根。参与统计的试验锚杆，当满足其极差值不大于平均值的 30% 时，取平均值作为锚杆的极限承载力；若参与统计的试验锚杆最大极差超过 30%，应增加试验锚杆数量，并分析极差过大的原因，结合工程情况确定极限承载力。

将锚杆极限承载力除以安全系数 2，即为锚杆抗拔承载力特征值。

第四章　硐室工程地质勘察

第一节　地下硐室工程地质展开图

在岩土工程勘察中，当钻探方法难以查明地下情况时，常使用井探、槽探、洞探方法进行勘探。土木工程、采矿工程等也经常开挖地下硐室。在这些工作中经常会借助展开图来分析地质情况。

一、地下硐室工程地质展开图的制图原理

所谓展开图就是沿着硐室的侧壁、顶（底）面所编制的地质断面图，按一定的制图方法将三维空间的图形展开。由于其表示的地质信息具有一目了然的特点，故在生产和科研中广为应用。

二、地下硐室工程地质展开图的制图方法

图4－1所示为某平硐的两侧壁、底面、工作面、硐顶面。首先将硐壁以硐肩线为轴，各自向外侧旋转90°，即将立体的硐室展开为一个平面，然后利用平行光投影原理由上向下将各构造面在硐内出露线及硐体各部分的轮廓线投影到平面上，即为硐室展开图。现场测图的基本步骤如下：

（1）明确硐室的主要展布方向和长度及精度要求，确定展开图的方位和比例尺。对大比例尺（1∶200、1∶100、1∶50）的图件，制图精度要达到能反映在图内占据2 mm以上的地质现象，对有一定延伸并对硐体有重要意义的结构面、构造面，特别是软弱结构面，如在图中不够2 mm要采用局部放大比例的方法反映到图上。

（2）布置导线（测绳）于硐底中心处，固定好每一段导线的起点和终点，在硐轴方向变化处应为下一导线。测定导线方位（由起点向终点方向测）、倾角、长度并做记录。

（3）画出各导线段内两壁和顶（底）部所有构造面的投影线。对任一构造面可在硐顶、两侧硐肩和硐底找出相应的对应点，有的可找出5个对应点，有的只测出2个点，如一些节理面，并做好记号。

（4）仔细记录各段岩性、结构、构造、岩体结构类型、主要节理面的产状及间距、风化状况、渗水等情况，对节理密集处应进行统计并作节理玫瑰花图附上。

（5）硐周方位转折部位的测图方法是：先根据导线的方位和长度（按比例）画出该导线，再按两侧硐肩线距导线的间距画平行线，与前一段导线相应的硐间线相交，分别从焦点向两侧硐底线引垂线，则会出现转弯处外侧硐壁拉开，而内侧重叠的图形。

（6）硐末端工作面要向外翻转90°画在展开图上，认真观测、记录工作面的地质特

征，其往往可预示前面的地质情况。

（7）选取2~3处硐壁表面较平整，节理较发育，大小可取1 m×1 m或2 m×2 m的地方做节理统计。

（8）对某一导线段内所有内容测试、测绘、绘图、记录完毕，再进行下一导线的测试测绘工作。

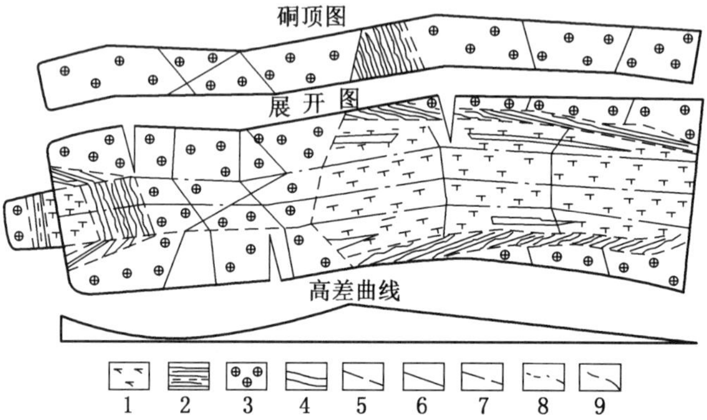

1—凝灰岩；2—凝灰质页岩；3—斑岩；4—细粒凝灰岩夹层；5—断层；
6—节理；7—硐底中线；8—硐底壁分界线；9—岩层分界线

图4-1　平硐展开图

三、节理统计

（一）节理分类

走向节理：节理走向与地层走向大致平行。

倾向节理：节理走向与地层倾向大致平行。

斜向节理：节理走向与地层走向和倾向斜交。

顺层节理：节理面与岩层的岩面大致平行。

（二）节理的观测

节理的研究方法因任务和目的不同而异。目前研究节理的基础是野外现场测定、观察和统计。在统计的基础上结合地质构造等有关资料分析节理组的方位、产状及其与各级构造的关系，节理的发育程度、展布范围和充填情况等。

1. 观测点的选定

选定观测点要考虑：第一，露头良好，最好便于两面观测；第二，构造特征清楚，节理比较发育；第三，露头面积不小于10 m^2，便于大量观测节理；第四，从地质上观看，观测点选在重要的构造部位，且在不同的构造层和岩性中都应布点。

2. 节理发育程度

节理发育程度以密度和频度表示。节理密度或频度是指节理法向线上单位长度内节理的条数。

3. 节理的测量和记录

在节理统计点上要进行测量和记录，整理表格见表4－1。

表4－1　节理观测点记录表

点号及位置	地层时代、层位和岩性	岩层产状和构造部位	节理产状	节理组系及其力学性质和相互关系	节理分期和配套	节理密度	节理面特征及充填物	备注

（三）节理玫瑰花图

1. 资料的整理

将节理走向换算成北东和北西方向，然后按方位角的一定间隔分组。分组间隔大小依作图要求及地质情况而定，一般采用5°或10°为一间隔，如分成0°～9°、10°～19°。习惯上把0°归入0°～9°组内，10°归入10°～19°组内，以此类推。然后统计每组的节理数目，计算出每组节理平均走向，如0°～9°组内，有走向为6°、5°、4°三条节理，则其平均走向为5°。把统计整理好的数值填入表中（表4－2和表4－3）。

表4－2　天平山8号观测点节理测量记录资料

走向	倾角及倾向	走向	倾角及倾向	走向	倾角及倾向	走向	倾角及倾向
3°	∠75°SE	21°	∠73°SE	36°	∠74°NW	48°	∠76°SE
4°	∠73°SE	21°	∠74°SE	36°	∠74°SE	47°	∠76°NW
5°	∠72°SE	22°	∠75°SE	44°	∠75°SE	45°	∠78°NW
6°	∠71°SE	23°	∠80°SE	44°	∠84°SE	45°	∠80°NW
3°	∠76°NW	23°	∠78°SE	45°	∠80°SE	46°	∠76°NW
5°	∠85°NW	23°	∠74°SE	45°	∠85°SE	46°	∠74°NW
5°	∠87°NW	33°	∠75°SE	46°	∠85°SE	281°	∠72°NE
5°	∠75°NW	34°	∠74°SE	46°	∠83°SE	282°	∠73°NE
5°	∠79°NW	34°	∠73°SE	46°	∠86°SE	285°	∠75°SW
6°	∠78°NW	34°	∠72°SE	46°	∠86°SE	292°	∠70°NE
6°	∠84°NW	35°	∠75°SE	46°	∠81°SE	293°	∠70°NE
7°	∠80°NW	36°	∠72°SE	46°	∠82°SE	294°	∠79°NE
16°	∠71°SE	34°	∠75°NW	46°	∠78°SE	295°	∠75°NE
14°	∠71°NW	34°	∠72°NW	46°	∠82°SE	294°	∠75°SW
14°	∠71°NW	35°	∠72°NW	47°	∠84°SE	296°	∠72°SW
14°	∠75°NW	35°	∠74°NW	47°	∠80°SE	306°	∠74°NE
16°	∠75°NW	35°	∠72°NW	47°	∠85°SE	307°	∠71°NE

表4－2（续）

走向	倾角及倾向	走向	倾角及倾向	走向	倾角及倾向	走向	倾角及倾向
305°	∠75°NE	313°	∠74°NE	314°	∠75°SW	325°	∠75°NE
304°	∠78°SW	314°	∠79°NE	314°	∠78°SW	325°	∠75°NE
305°	∠78°SW	315°	∠83°NE	314°	∠78°SW	325°	∠78°NE
306°	∠80°SW	315°	∠87°NE	316°	∠78°SW	326°	∠77°NE
301°	∠77°SW	315°	∠80°NE	316°	∠79°SW	329°	∠74°NE
302°	∠73°SW	316°	∠86°NE	317°	∠75°SW	327°	∠75°SW
302°	∠70°SW	319°	∠80°NE	321°	∠71°NE	329°	∠74°SW
304°	∠80°SW	312°	∠73°SW	324°	∠71°NE		
313°	∠75°NE	314°	∠80°SW	325°	∠73°NE		

表4－3　天平山8号观测点节理测量统计资料

方位间隔	节理数目	平均走向	方位间隔	节理数目	平均走向
0°～9°	12	5°	270°～279°		
10°～19°	5	14.8°	280°～289°	3	282.7°
20°～29°			290°～299°	6	294°
30°～39°	13	34.7°	300°～309°		
40°～49°	21	45.9°	310°～319°		
50°～59°			320°～329°	10	325.6°
60°～69°			330°～339°		
70°～79°			340°～349°		
80°～89°			350°～359°		

2. 确定作图比例尺

根据作图的大小和各组节理数目，选取一定长度的线段代表1条节理。

以等于或稍大于按比例尺表示数目最多的一组节理的线段长度为半径作半圆，过圆心作南北线及东西线，在圆周上标明方位角。

3. 找点连线

以9°为一组开始，按各组平均走向方位角在半圆周上作一记号，再从圆心向圆周该点的半径方向，按该组节理数目和所定比例尺定出一点，此点即代表该组节理平均走向和节理数目。各组的点确定后，顺次将相邻组的点连线。如其中某组节理为零，则连线回到圆心，然后再从圆心引出与下一组相连。节理走向玫瑰花图如图4－2所示。

4. 写上图名和比例尺

按节理倾向方位角分组，求出各组节理的平均倾向和节理数目，用圆周方位代表节理的平均倾向，用半径长度代表节理条数，作法与节理走向玫瑰花图相同，只不过用的是整个圆而已。

按上述节理倾向方位角分组，求出每组的平均倾角，然后用节理的平均倾向和平均倾角作图，圆半径长度代表倾角，由圆心至圆周从0°～90°，找点和连线方法与倾向玫瑰花图相同。

倾向、倾角玫瑰花图一般重叠画在一张图上。作图时，在平均倾向线上可沿半径按比例找出代表节理数和平均倾角的点，将各点连成折线即得。图上用不同颜色或线条加以区别。节理倾向、倾角玫瑰花图如图4－3所示。

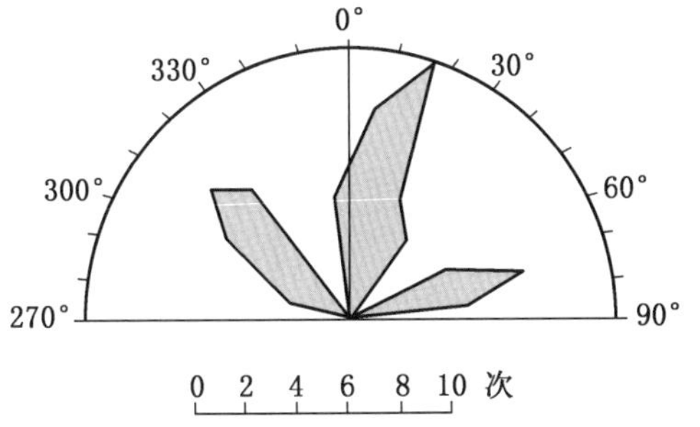

图4－2　节理走向玫瑰花图

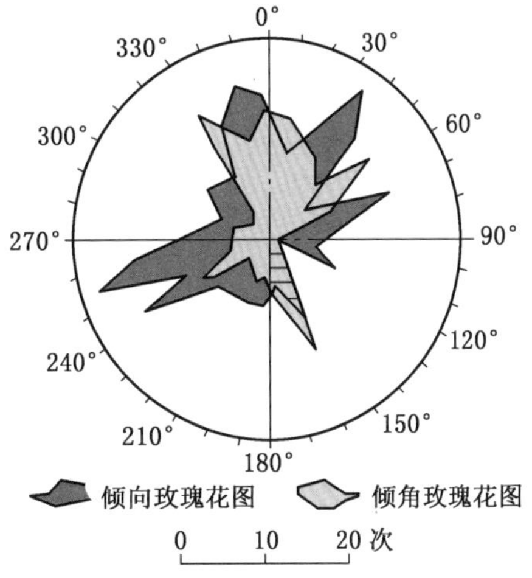

图4－3　节理倾向、倾角玫瑰花图

玫瑰花图作法简便，形象醒目，比较清楚地反映了主要节理的方向，有助于分析区域构造。最常用的是节理走向玫瑰花图。

（四）分析节理玫瑰花图

分析节理玫瑰花图应与区域地质构造结合起来。因此，常把节理玫瑰花图按测点位置标绘在地质图上（图4－4）。这样就可以清楚地反映出不同构造部位节理与构造（如褶皱和断层）的关系。综合分析不同构造部位节理玫瑰花图的特征，就能得出局部应力状况，甚至可以大致确定主应力轴的性质和方向。

节理走向玫瑰花图多应用于节理产状比较陡峻的情况，而节理倾向和倾角玫瑰花图多用于节理产状变化较大的情况。

四、地下硐室工程地质展开图资料整理

室内资料的分析整理主要依据现场测绘图和记录成果进行，主要工作如下：

（1）每人清绘一份展开图。

（2）将每一测试段的导线方位、长度、倾角、岩性特点、构造状况、岩体结构类型、主要节理的产状及间距、风化状况、渗水情况、硐形完好性等记录在展开图下方的说明表内。

（3）展开图下方作2～3个节理玫瑰花图。

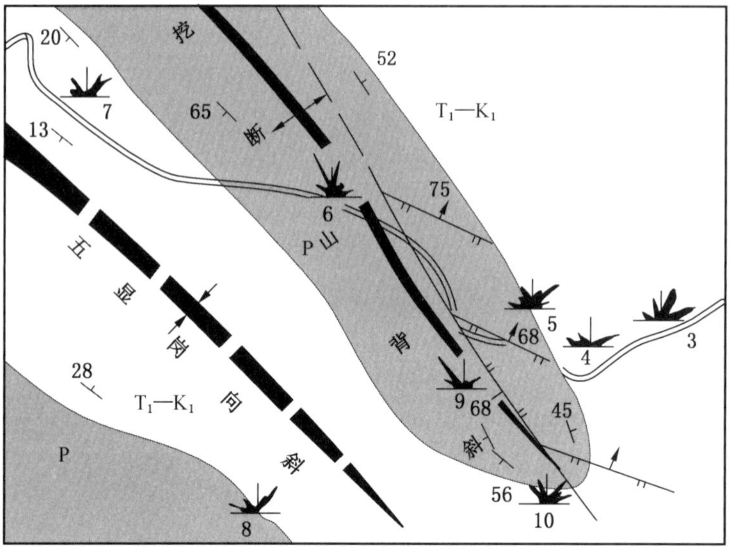

图4-4　四川峨眉挖断山地质构造简图

(4) 综合分析所获得的资料，说明硐室各段的岩体结构特征及对硐室稳定性的影响。

第二节　模拟围岩松动圈声波测试

岩体声波测试是20世纪70年代兴起并发展的一种较新的探测技术。随着道路、交通水利、水电、矿山建设等各类地质工程的大规模发展，工程的设计和施工对工程岩体的勘察提出了更高的要求，而传统的工程地质勘察方法和手段难以满足现代工程量化评价的要求。随着科学技术的飞速发展，大量现代探测技术应运而生，并广泛应用于地质工程的勘察与评价。

声波测试法是围岩松动圈测试技术中最常用的一种方法。声波的波速随介质裂隙发育、密度降低、声阻抗增大而降低，随应力增大、密度增大而增大。因此，测得的声波波速高说明围岩的完整性好，波速低说明围岩存在裂隙，围岩有破坏发生。

声波测试技术是运用声学波动原理和方法，通过激发弹性波在岩体中传播，作为岩体中各种信息的载体来反映岩体的各方面物理力学性状。它具有测试快速、精确可靠、操作简便、功能多样、经济节省等独特的优点，在解决众多岩体工程问题方面发挥了极其重要的作用。

目前，应用声波测试技术解决工程岩体问题主要包括以下几个方面：①利用声波参数结合地质因素对工程岩体进行分类、分级；②测定并换算得出岩体的力学性质指标，如动弹性模量、泊松比；③利用声波来探测岩体中的各种缺陷；④在地下工程中，对硐室围岩的稳定性进行评价，包括松动圈范围的测定、围岩分类、施工地质超前预报，以及围岩稳定性的长期观测。

一、试验原理

应用声波测试技术可探测由于应力重分布而引进的围岩松动圈范围，为硐室支护提供重要依据。

岩体与其他介质一样，当弹性波通过岩体时要发生几何衰减和物理衰减。岩体中不同力学性质的结构面传播声波时要发生绕射、折射和热损耗，使弹性波能量不断得到衰减而造成波速降低。弹性波的速度和岩体的声学特征有关，它取决于岩石或岩体的动弹性模量 E_d、泊松比 μ_d 及密度 ρ。岩体中纵波波速可表示为

$$V_p = \sqrt{\frac{E_d(1-\mu_d)}{\rho(1+\mu_d)(1-2\mu_d)}} \tag{4-1}$$

硐室围岩处在应力重分布状态之中，在应力重分布作用下其动弹性模量 E_d、动泊松比 μ_d 及密度 ρ 值都在发生变化，这些参数的改变进而导致岩体中纵波波速的变化。当围岩中应力集中即应力较高时，其波速相对较大，而在应力松弛的低应力区中岩体波速相对降低。根据这个原理，对硐室围岩的松动圈进行声波波速测试，然后结合围岩的工程地质条件对测得的岩体波速进行分析，确定围岩是否产生松动及松动圈的范围。

二、试验设备

声波仪，一台；圆管式换能器，采用跨孔测试时，接收和发射器各一个；标有长度刻度的测量杆，若干米；注水设备；止水设备。

模拟围岩松动圈声波测试点如图 4－5 所示。

三、试验步骤及技术要求

1. 试验准备

（1）选择有代表性的围岩硐段，在硐的横剖面方向各打一组 ϕ40 mm 钻孔，分布在边墙、顶拱和拱角等部位。每个测点可打 2～3 个测孔。孔间距离视岩体完整情况而定，完整岩石可相距 1～2 m，破碎岩体可相距 0.5～1.0 m。每个测量剖面一般可打 10～15 个测孔，当跨度较大时可适当增加孔数量。测孔深度应根据硐室围岩的岩性、完整程度、地应力大小、硐室断面等因素而定，一般应穿过应力重分布区，深入岩体的天然应力区内一段距离。

（2）向测孔内注水，直至注满测孔为止。

2. 开始试验

（1）将声波仪与换能器正确连接，若发射和接收换能器有标记时，不可互用。

（2）正确接通电源，若用外接电源，注意一定不能接反正、负极，否则会烧坏仪器。

（3）开机并设定测试参数，根据硐室围岩地质情况选择发射脉宽及发射电压，围岩较完整时可选择较小脉宽及低电压，否则选用大脉宽及高电压。

（4）先将发射及接收换能器插入测孔内并注入耦合水，进行“采样”后，显示屏出现波形，调整“采样间隔”“扫描延时”及“放大倍数”，使波形稳定。

（5）将换能器从测孔中拔出，测孔中重新注水，然后从孔口向里每隔 20 cm 进尺，

图4-5　模拟围岩松动圈声波测试点

测读声时。测试过程中，应始终保持测孔中注满水，因为水是探头与孔壁岩体间的耦合剂。

（6）待整个测孔测试完毕，不拔出测杆和探头，用软盘沿测杆测量孔的产状，即测孔的方位角和倾角，记下两测孔之间的方位角差 α、倾角差 γ 及孔口距离 s'。

（7）测试结束后，拔出探头及测杆，按上述步骤测试不同方向分布的其他测孔。

四、试验资料整理

（1）本次试验选择一个测点、三个测孔，按以下修正公式对孔距进行修正：

$$S = \sqrt{S' + \sqrt{L^2 + L^2\cos^2\gamma - 2L^2\cos\gamma\cos\alpha} + L^2\sin^2\gamma} \tag{4-2}$$

式中　S——修正测距，cm；

S'——孔口距离，cm；

L——测试深度，cm。

（2）由式 $V_p = \dfrac{S}{t_p}$ 计算纵波波速，其中 t_p 为纵波走时。试验数据记录及计算结果见表4-4。

表4-4　声波测试试验记录表

测孔编号：			
测试深度/cm			
实际测距/cm			
纵波走时 t_p/μs			
纵波波速 V_p/(km · s^{-1})			
修正测距 S/cm			
方位角差 α/(°)			
倾角差 γ/(°)			

（3）根据表4-4计算所得波速，绘制纵波波速 V_p 与测试深度 L 的关系曲线。

分析要点概述如下：分析图中曲线可知，硐口纵波波速较大，为应力集中区，厚度为×××m；进入一段距离波速下降，为塑性松动带，此区厚度为×××m；再深入时，波速稳定，为天然应力带，厚度为×××m；以后波速下降，是由于岩体中裂隙发育的缘故。

（4）由芬纳-塔罗勃公式计算围岩塑性区厚度：

$$R_1 = R_0\left[\frac{(\sigma_0 + c \cdot \cot\varphi)(1 - \sin\varphi)}{P_a + c \cdot \cot\varphi}\right]^{\frac{1-\sin\varphi}{\sin 2\varphi}} \tag{4-3}$$

式中　R_0——硐室半径，m；

σ_0——天然应力，kPa；

φ——结构面内摩擦角，(°)；

c——结构面黏聚力，kPa；

P_a——硐室支护反力，kPa。

代入数值得：R_1 为×××m。

（5）影响试验结果精度的因素：①试验点需选取具有代表性的试点，尽可能反映硐室围岩的特征，如不能选取具有代表性的试点，则不能得到与实际情形相近的试验结果，最终给工程带来损失；②在岩体中测波速，波形比较复杂，有时候仪器自动判读的数据并不准确，需人工根据波形情况进行调整，这时会产生由于参数选取不同、首波波形判读不同而带来的差别。

第三节　硐室围岩分级岩体声波测试

隧道及各类地下开挖工程（硐室）的围岩由于岩石（岩性）、岩体结构特征、地质构造、地下水以及地应力作用、风化作用等地质条件变化复杂，使得围岩岩体的质量及工程地质性质各不相同，甚至差别很大，因而也使围岩的稳定性存在差别。从工程设计及施工需要出发，有必要对围岩的质量及稳定性进行工程地质分类。这种围岩分类是经济有效地对围岩进行支护衬砌设计的重要依据，也是指导施工、保障施工安全并顺利进展的先决条件。声波测试的应用，使得围岩分类由依赖定性走向定量化，建立在系列量化指标基础上的工程岩体分类更加科学合理。

一、试验原理

声波（弹性波）在岩体中传播时，其速度、振幅频率、波形等声学特征对岩体的岩性、结构面发育程度、风化及应力情况有比较灵敏的反映。岩体愈坚硬、完整、新鲜，地应力越高，岩体波速愈高，反之亦反。目前在岩体分类的声波测试中主要声学指标是声波波速，根据波速可以计算出一系列分类指标，如岩体的完整性系数、动弹性模量、岩体风化系数、岩石湿润系数等。

二、试验设备

岩体分类的主要声波测试仪器是声波检测仪和喇叭式换能器（图4－6）。

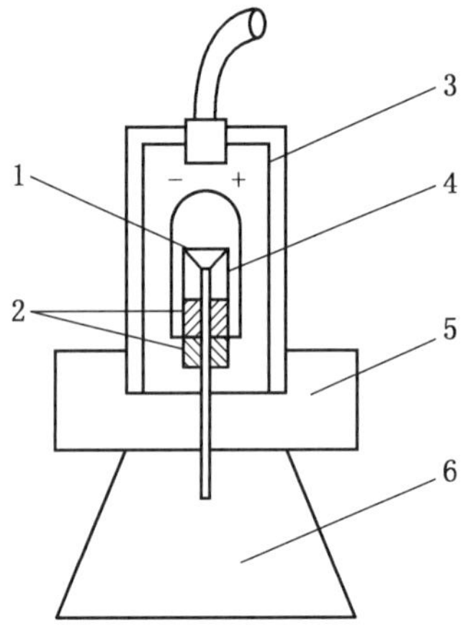

1—螺栓；2—晶片；3—屏蔽罩；4—配重；5—锁环；6—辐射体

图4－6　喇叭式换能器

三、试验步骤及技术要求

1. 试验准备

测试前根据岩性、节理裂隙发育情况、岩体结构及风化程度等地质情况，将岩体分成有代表性地段。然后根据典型地段的长度确定测点数量及间距。

2. 开始试验

（1）对于较松散的岩体，应采用外触发发射方式，而较完整、新鲜的岩体，可采用脉冲发射方式。

（2）采用脉冲发射方式时，测试岩体时应选择大功率、低频率的换能器，而测试岩石时要选择小功率、高频率的换能器。

（3）将声波仪与换能器正确连接，开机预热。

（4）在“参数”菜单中将“模式”设定为“测砼强度”，输入文件名和“收发间距”，然后返回主菜单。

（5）在“状态”菜单中设定“系统参数”，将“屏幕参数”中“屏幕区数”设定为“1”，然后返回主菜单。

（6）将黄油作为耦合剂涂抹在换能器前表面上，然后将换能器与岩体表面紧密接触。两个换能器之间的距离：测试岩体波速时大于 20 cm；测试岩块波速时小于 10 cm，遇到裂隙密集和软弱岩体时其间距可近些。

（7）点击“采样”功能键即可进行测试，根据屏幕上的波形，调整“采样间隔”“延迟时间”“发射脉宽”以及“放大倍数”等参数，以求获得理想的波形图像。读数时，要注意区分首次到达波的波形与后续波的波形，一般来说，噪声影响后，首次到达的波为 P 波，波形相对较小，需要仔细辨别。S 波振幅较大，读取首波时，应参照振幅等因素仔细辨别。

（8）用尺子量取发射与接收换能器之间的距离，输入声波仪，计算波速。

（9）按上述步骤（7）~（8）逐点进行测量，并做测试记录。

（10）在各典型地段采取完整岩石，测试其波速，以便计算各种参数。

四、试验资料整理

（1）按下式计算岩体纵波波速和横波波速：

$$V_p = \frac{S}{t_p} \tag{4-4}$$

$$V_s = \frac{S}{t_s} \tag{4-5}$$

（2）按下式计算岩体的完整性系数：

$$K_v = \left(\frac{V_{pm}}{V_{pv}}\right)^2 \tag{4-6}$$

（3）按下式计算岩体（岩石）的动泊松比和动弹性模量：

$$\mu = \frac{V_p^2 - 2V_s^2}{2(V_p^2 - V_s^2)} \tag{4-7}$$

$$E_d = \frac{\rho}{g}V_p^2\frac{(1+\mu_d)(1-2\mu_d)}{1-\mu_d} \tag{4-8}$$

（4）按照《工程岩体分级标准》(GB/T 50218—2014)，按下式计算岩石的抗压强度：

$$R_c = 22.82I_{s(50)}^{0.75} \tag{4-9}$$

（5）按照《工程岩体分级标准》(GB/T 50218—2014)，按下式计算岩石基本质量指标 BQ：

$$BQ = 100 + 3R_c + 250K_v \tag{4-10}$$

式中 BQ——岩石基本质量指标；

R_c——岩石单轴饱和抗压强度，MPa；

K_v——岩体完整性系数。

注意，使用式（4-10）时，应遵照下列条件：

① 当 $R_c > 90K_v + 30$ 时，应以 $R_c = 90K_v + 30$ 和 K_v 代入计算 BQ 值。

② 当 $K_v > 0.04R_c + 0.4$ 时，应以 $K_v = 0.04R_c + 0.4$ 和 R_c 代入计算 BQ 值。

围岩分级试验记录表见表 4－5，回弹记录表见表 4－6。

表 4－5　围岩分级试验记录表

测点编号	测试深度/m	岩性	收发间距/m	弹性波走时		纵波波速 V_p/(km·s^{-1})	平均纵波波速 V_p/(km·s^{-1})	横波波速 V_s/(km·s^{-1})	平均横波波速 V_s/(km·s^{-1})	岩土完整性系数 K_v	动泊松比 μ	动弹性模量 E_d/MPa	修正单轴饱和抗压强度 R_c	岩土基本性质指标 BQ	地下水影响修正系数 K_1	结构面产状影响修正系数 K_2	初始应力状态影响修正系数 K_3	修正后的岩土基本性质指标 BQ	岩体分级
				T_p/μs	T_s/μs														

表 4－6　回弹记录表

点号	倾角 α/(°)	回弹平均值 N_a	回弹修正值 ΔN_a	修正后回弹值	单轴抗压强度 σ/MPa

第四节　隧道超前地质预报试验

隧道超前地质预报是指利用钻探和现代物探等手段，探测隧道、地下厂房等地下工程的岩土体开挖面前方的地质情况，力图在施工前掌握前方的岩土体结构、性质、状态，以及地下水、瓦斯等的赋存情况、地应力情况等地质信息，为进一步的施工提供指导，以避免施工及运营过程中发生涌水、瓦斯突出、岩爆、大变形等地质灾害，保证施工安全和顺利进行。

隧道超前地质预报因其要求高、技术难度大而成为疑难问题。隧道超前地质预报的地质问题有构造软弱带、含水性、岩体工程类别、岩溶、瓦斯气等，特别是对含水断裂、含水溶洞、含水松散体等不良地质对象的预报，对工程物探来说都是疑难问题。并且隧道内的观测空间有限，反射波孔径小，这对提高地震反射资料的分析速度、反射面定位精度和岩体工程类别的划分增加了难度。

不同地质对象表现出的物性特征是各不相同的。岩体的构造特性、围岩的完整程度、破碎状态等主要表现在力学性质的差异上，而含水性则主要表现在电导率、介电常数等电磁特性差异上。应用任何一种物探方法都很难涵盖这两种物性的变化。地震方法主要探测力学性质的变化，预报隧道前方围岩的岩性、构造、结构特征等与力学强度有关的地质要素，对断裂带、破碎带敏感，对围岩的含水性不敏感，不能预报含水地段，因而很多突水事件发生漏报，造成重大经济损失。高密度电法用于探测围岩的电阻率分布，对围岩含水性敏感，可通过探测电性变化预报围岩的富水地段，发现引发地质工程病害的含水破碎构造。为取得完美的预报结果，在隧道超前地质预报工作中应强调地震方法与电阻率方法相结合，物探与地质研究相结合，以便提高超前预报的可靠性。

目前国内外隧道地质超前预报研究的总体水平还处于发展之中，预报的准确性和可靠性还有待提高。现阶段使用的隧道超前地质预报技术主要是以各种反射地震技术为主，地质雷达为辅，高密度电法的应用还不普遍。地质雷达对含水构造敏感，但预报的距离较短，在 20 ~ 30 m 以内。反射地震的预报距离可以超过 100 m。

开挖前对地质情况的了解，对于隧道建设有十分重要的作用。通过隧道超前地质预报，及时发现异常情况，预报工作面前方不良地质体的位置、产状及其围岩结构的完整性与含水的可能性，为正确选择开挖断面、支护设计参数和优化施工方案提供依据，并为预防隧道涌水、突泥、突气等可能形成的灾害性事故及时提供信息，使工程单位提前做好施工准备，保证施工安全，同时还可以节约大量资金。所以隧道超前地质预报对于安全科学施工、提高施工效率、缩短施工周期、避免事故损失、节约投资等具有重大的社会效益和经济效益。隧道超前地质预报应达到下列目的：

（1）进一步查清隧道开挖工作面前方的工程地质和水文地质条件，指导工程施工顺利进行。

（2）降低地质灾害发生的概率和减轻危害程度。

（3）为优化工程设计提供地质依据。

（4）为编制竣工文件提供地质资料。

一、试验原理

隧道地震波超前地质预报是利用地震反射波和绕射波原理，对隧道工作面前方的地质条件进行探测。由震源产生的地震波向隧道前方传播过程中，遇到岩体中相对大的声阻抗界面会产生反射波，遇到相对小的声阻抗界面会产生绕射波，统称地震回波。利用设备采集隧道围岩中界面的地震回波，通过专业处理系统提取回波的界面位置、空间分布、回波极性和回波能量等信息，并结合隧道地质勘察资料综合分析，实现隧道地质超前预报目的。现场需要采用三分量检波器实现空间地震回波的矢量检测和纵横波采集，保证处理系统利用多波多分量进行全波震相分析和极化波计算，获得二维和三维空间的偏移归位图、断面扫描图，并获得界面回波位置和界面空间分布，以及界面间岩体性质等预报资料。

二、试验设备

试验地点位于防灾科技学院北校区试验楼东侧地下结构与工程地质试验场，工作面前方断层破碎带、不均匀地质体。其场地主要为粉质黏土，地下水位为地下 8 m 左右。

模拟断层破碎带材质为水泥土，水泥土中的水、水泥、土的重量比为 1∶1.6∶1。模拟断层破碎带的水泥土墙产状走向 SN，倾角 90，厚度为 0.5 m。其平面位置是长轴平行于主洞的端墙，距试验洞端的垂直距离为 2.2 m。测试孔的布置、间距即模拟断层的空间位置。断层破碎带平面位置及尺寸如图 4－7 所示。

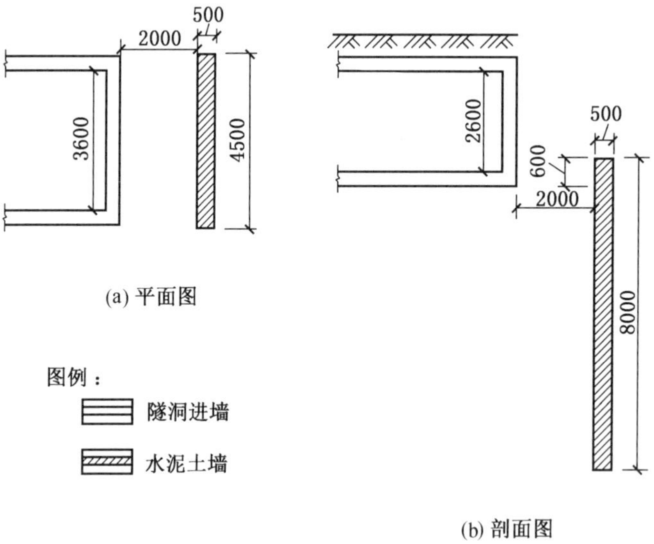

图 4－7　断层破碎带平面位置及尺寸

本试验采用 TGP206 隧道超前地质预报系统（简称 TGP 系统）。TGP 系统的设计制造充分考虑了隧道内工作的恶劣条件，如潮湿、滴水、粉尘、杂散电流等，仪器设计为整体密封式，并采用特殊抗干扰电路，保证整机的高信噪比性能。

TGP 系统由四大部分组成，它们分别是：

（1）TGP 系统主机。箱体采用全密封式，显示采用具有强背光功能的 TFT 液晶显示屏，存储单元为 30G，具有防水、防尘、防震功能。

（2）高灵敏度三分量速度型接收检波器。安装配套的工具和器材，如专用电缆、起爆触发电器、孔中接收检波器和耦合剂的专用安装工具、专用防水防震工程塑料仪器箱和工具箱等。

（3）地质预报数据处理设备。

（4）TGPWIN 隧道地震波处理分析软件包。具备预报病害地质体空间定位的功能，包括三分量隧道地震波采集模块、定向位置定位模块、均衡增益频谱分析滤波模块、干扰波滤除模块、速度分析模块、地震回波能量提取模块、地震回波相关偏移模块、报告图文编辑模块。

隧道超前地质预报检测工作一般安排在隧道开挖进尺 70 m 以后开始进行，需预先在隧道洞壁钻孔。TGP 系统的激发孔、接收孔布置如下：

（1）由工作面始退后 2 m 布第一个孔，沿直线每间隔 0.5 m 布置一孔，共 20 个激振孔。

（2）距最后一个激振孔 5.5 m 布置一孔，距此孔向南 4 m 处布置第 2 孔，并在同里程的左右洞壁高 1.2 m 位置各布置一孔，共 4 个接收孔。

（3）所有激振孔及底板处的两个接收孔均为铅垂布置，左右壁的孔为下倾 15°布置。

（4）所有激振孔及接收孔孔深均为 2 m，所有孔采用内径 50 mm 的厚 PV 管，管的末端采用螺栓密封，作防水处理，管与洞外的土密实接触。管上部采用可开关不锈钢盖板防护，试验时可打开，可重复使用，盖板采用直径大于 60 mm 的圆形板或边长大于 60 mm 的方形板。

（5）施工时，先将激振孔与接收孔埋入地下 1.5 m，然后再压入 0.5 m，以使土与管末端紧密接触。

隧道超前地质预报试验布置平、剖面图如图 4－8、图 4－9 所示。试验场如图 4－10 所示。

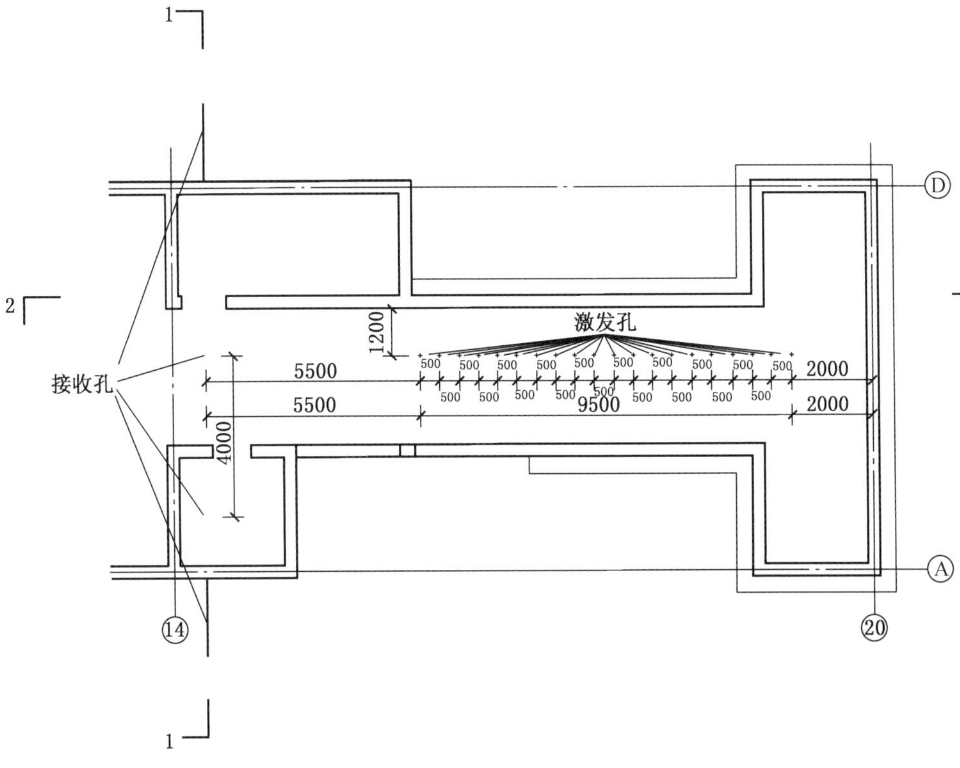

图 4－8　隧道超前地质预报试验布置平面图

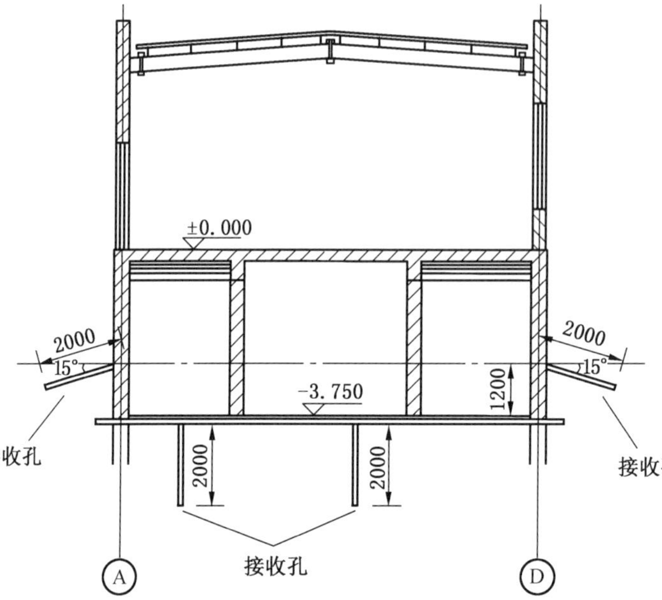

1—1剖面

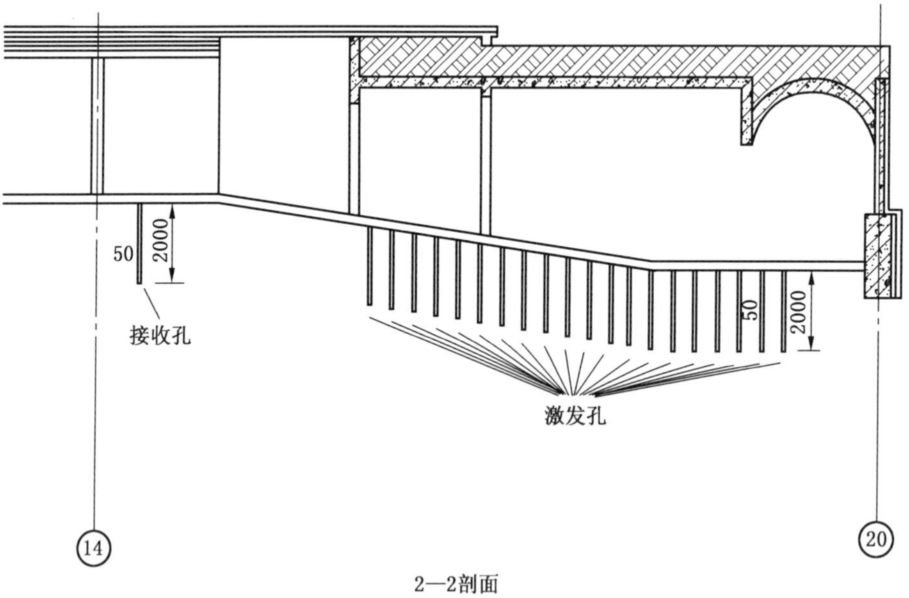

2—2剖面

图4－9　隧道超前地质预报试验布置剖面图

图4－10　隧道超前地质预报试验场

三、试验步骤及技术要求

试验步骤包括：激发孔和接收孔的布置、电火花震源的布置、接收探头安装、仪器采集参数设置和隧道施工地质调查5个内容。

（1）按要求将激发孔布置在隧道地面上，激发孔为垂直孔，方便注水。

（2）根据教学环境需要，试验场的隧道超前地质预报试验采用电火花震源。

（3）按要求布置接收孔，接收探头采用定向工具安装和采用黄油直接耦合钻孔壁，有利于提高接收信号的信噪比。

（4）仪器采集参数设置的原则：软岩采样率选择0.1 ms挡，硬岩采样率选择0.05 ms挡，通过选择采样点数保证地震记录长度不小于200 ms。

（5）施工地质调查针对模拟岩体和断层进行，详细记录岩体的工程地质和水文地质特征，认真填写记录表（表4－7）。

四、试验资料整理

（一）试验成果

表4-7 TGP现场数据记录表

隧道名称：		隧道					
预报段里程：				工作面里程：			
接收孔里程：				收—发孔段里程：			
逐点炮孔间距/m							
1—2		7—8		13—14		19—20	
2—3		8—9		14—15		20—21	
3—4		9—10		15—16		21—22	
4—5		10—11		16—17		22—23	
5—6		11—12		17—18		23—24	
6—7		12—13		18—19			

1. 地震波超前预报成果图

地震波超前预报成果图包括偏移成果图、地震波形图、隧道围岩速度参数的估算曲线、地质界面产状图和隧道预报地质界面3D成果图。

2. 现场原始记录评估

由地震波三分量原始记录可见：地震纵波同相轴初至明确，横波同相轴的幅度和频率明显区别于纵波，纵横波同相轴的速度具有明显差别而分离清晰。认为现场采集的地震波三分量原始记录属于优良记录，符合数据处理的质量要求。

3. 测量段岩体参数

测量段即炮孔布置段，其岩体参数利用地震波三分量原始记录计算获得。测量段土体的参考弹性参数如下：纵波速度 $V_p=390$ m/s；横波速度 $V_{sh}=210$ m/s；泊松比 $\mu=0.42$；动弹性模量 $E_d=2.6$ MPa；动剪切模量 $G_d=1.5$ MPa；岩体密度 $\rho=1.67$ t/m^3。TGP系统利用开挖暴露出的岩体条件作为预报分析的基础。

（二）试验误差分析

地震波预报与其他地震波勘探一样，均要求对地震波的传播时间精准测量。其中涉及震源信号的产生与仪器采集的同步问题。同步采集与触发方式有关，触发方式的选用原则与震源类型、测量环境、测量精度有关。

实际现场超前地质预报中TGP系统采用炸药包上的回线开路触发仪器采集。但本试验由于不能采用炸药触发方式，而是采用爆炸机的同步脉冲信号触发仪器采集。下面分析两种触发方式的误差。

采用回线开路触发方式的具体操作是把回线绑扎在震源上，通过震源爆炸时炸断回线触发仪器开始采集。该方式与爆炸产生过程中的雷管延迟没有关系，因而在绑扎回线不松脱条件下，爆炸的同时触发仪器采集，不存在触发的时间误差。如采用爆炸机脉冲信号触发方式，其触发过程是爆炸机同时送出两路电信号，一路脉冲信号触发仪器开始采集，另一路高压脉冲电信号供给电雷管。在这个过程中误差的主要根源在于电雷管，众所周知瞬发电雷管有“时间延迟差”，即从受电到爆炸需要时间，该时间与瞬发电雷管的型号有关，一般为几毫秒。因此本试验的触发方式存在仪器开始计时早、雷管和药包爆炸滞后的现象，造成地震波传播时间的测量误差，并且该误差具有一定的离散性。

根据现场多次测量，采用炸药和电火花的激振同炮对比试验，通过两台仪器对应道记录的测量，发现采用铜质电雷管的时间误差为 0.5 ~ 2 ms，采用纸质电雷管的时间误差为 1 ~ 4 ms。以岩体速度为 4500 m/s 计算，上述触发误差会造成预报距离出现 2 ~ 8 m 的误差。如果地震波频率为 1000 Hz，道间存在 0.5 ms 时差则会形成地震波同相轴的反向，影响地震反射波同相轴的识别和计算回波的极性符号，影响对界面性质的推断。

第五章　城市轨道交通矿山法隧道工程监测

第一节　矿山法隧道工程监测概述

矿山法施工是在地层内部进行的，施工时不可避免会扰动地层，引起地层变形，给工程结构自身带来安全隐患。同时，也会导致地面周边环境破坏。因此，施工建设期间要考虑对工程自身及城市环境的影响，这就要对隧道工程进行监测。目前，工程监测已成为城市轨道交通工程勘测、设计、施工和运行过程中不可缺少的重要手段。

一、工程监测要求

城市轨道交通地下工程应在施工阶段对支护结构、周围岩土体及周边环境进行监测。地下工程施工期间的工程监测应为验证设计、施工及环境保护等方案的安全性和合理性，优化设计和施工参数，分析和预测工程结构和周边环境的安全状态及其发展趋势，实施信息化施工等提供资料。工程监测应遵循下列工作流程：

（1）收集、分析相关资料，现场踏勘。

（2）编制和审查监测方案。

（3）埋设、验收与保护监测基准点和监测点。

（4）校验仪器设备，标定元器件，测定监测点初始值。

（5）采集监测信息。

（6）处理和分析监测信息。

（7）提交监测日报、警情快报、阶段性监测报告等。

（8）监测工作结束后，提交监测工作总结报告及相应的成果资料。

二、工程影响分区及监测范围

城市轨道交通工程影响分区可根据隧道工程等施工对周围岩土体的扰动和周边环境影响的程度及范围划分，一般分为主要、次要和可能三个工程影响分区。土质隧道工程影响分区宜按表 5 - 1 的规定进行划分。

隧道工程影响分区没有相关规范、规程的规定，近年来相关研究取得了一些成果，根据研究结论，结合城市轨道交通隧道工程的特点，采用应用范围较广的隧道地表沉降曲线 Peck 公式预测的方式，划分隧道工程的不同影响区域。

隧道地表沉降曲线 Peck 公式如下：

表 5-1　土质隧道工程影响分区

隧道工程影响区	范　围
主要影响区（Ⅰ）	隧道正上方及沉降曲线反弯点范围内
次要影响区（Ⅱ）	隧道沉降曲线反弯点至沉降曲线边缘 2.5i 处
可能影响区（Ⅲ）	隧道沉降曲线边缘 2.5i 外

注：i—隧道地表沉降曲线 Peck 公式中的沉降槽宽度系数，m。

$$S_{(x)} = S_{\max} \cdot \exp\left(-\frac{x^2}{2i^2}\right) \tag{5-1}$$

$$S_{\max} = \frac{V_S}{\sqrt{2\pi} \cdot i} \approx \frac{V_S}{2.5i} \tag{5-2}$$

$$i = \frac{z_0}{\sqrt{2\pi} \cdot \tan\left(45° - \frac{\varphi}{2}\right)} \tag{5-3}$$

式中　$S_{(x)}$——距离隧道中线 x 处的地表沉降量，mm；
$S_{\max}$——隧道中线上方的地表沉降量，mm；
x——距离隧道中线的距离，m；
i——沉降槽的宽度系数，m；
V_S——沉降槽面积，m^2；
z_0——隧道埋深，m。

各城市确定沉降曲线参数时，要考虑本地区的工程经验。具体划分可参考图 5-1。

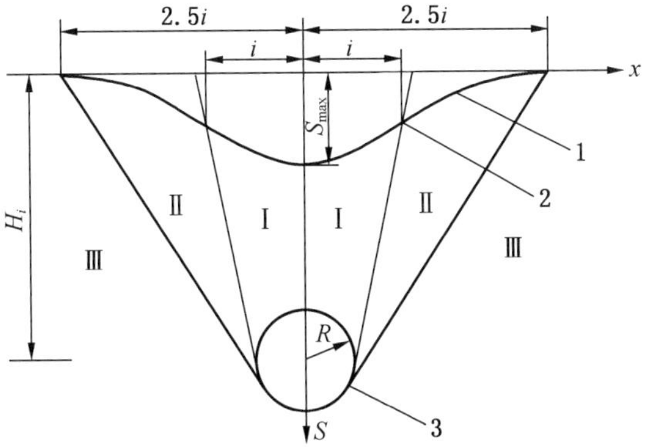

1—沉降曲线；2—反弯点；3—隧道；
i—隧道地表沉降曲线 Peck 公式中的沉降槽宽度系数；H_i—隧道中心埋深；
$S_{\max}$—隧道中线上方的地表沉降量

图 5-1　浅埋隧道工程影响分区

工程影响分区的划分界线应根据地质条件、施工方法及措施特点，结合当地的工程经验进行调整。当遇到下列情况时，应调整工程影响分区界线：

（1）隧道、基坑周边土体以淤泥、淤泥质土或其他高压缩性土为主时，应增大工程主要影响区和次要影响区。

（2）隧道穿越或基坑处于断裂破碎带、岩溶、土洞、强风化岩、全风化岩或残积土等不良地质体或特殊性岩土发育区域，应根据其分布和对工程的危害程度调整工程影响分区界线。

（3）采用锚杆支护、注浆加固、高压旋喷等工程措施时，应根据其对岩土体的扰动程度和影响范围调整工程影响分区界线。

（4）采用施工降水措施时，应根据降水影响范围和预计的地面沉降大小调整工程影响分区界线。

（5）施工期间出现严重的涌砂、涌土或管涌以及较严重渗漏水、支护结构过大变形、周边建（构）筑物或地下管线严重变形等异常情况时，宜根据工程实际情况增大工程主要影响区和次要影响区。

监测范围应根据基坑设计深度、隧道埋深和断面尺寸、施工工法、支护结构形式、地质条件、周边环境条件等综合确定，并应包括主要影响区和次要影响区。

三、工程监测等级划分

根据《城市轨道交通工程监测技术规范》(GB 50911—2013)，工程监测等级宜根据隧道工程的自身风险等级、周边环境风险等级和地质条件复杂程度进行划分。

隧道工程的自身风险等级宜根据支护结构发生变形或破坏、岩土体失稳等的可能性和后果的严重程度，采用工程风险评估的方法确定，也可根据基坑设计深度、隧道埋深和断面尺寸等按表 5－2 划分。

表 5－2　隧道工程的自身风险等级

工程自身风险等级		等级划分标准
隧道工程	一级	超浅埋隧道；超大断面隧道
	二级	浅埋隧道；近距离并行或交叠的隧道；盾构始发与接收区段；大断面隧道
	三级	深埋隧道；一般断面隧道

注：1. 超大断面隧道是指断面尺寸大于 100 m^2 的隧道；大断面隧道是指断面尺寸在 50～100 m^2 的隧道；一般断面隧道是指断面尺寸在 10～50 m^2 的隧道。

2. 近距离隧道是指两隧道间距在一倍开挖宽度（或直径）范围以内。

3. 隧道深埋、浅埋和超浅埋的划分根据施工工法、围岩等级、隧道覆土厚度与开挖宽度（或直径），结合当地工程经验综合确定。

周边环境风险等级宜根据周边环境发生变形或破坏的可能性和后果的严重程度，用工程风险评估的方法确定，也可根据周边环境的类型、重要性、与工程的空间位置关系和对工程的危害性按表 5－3 划分。

表5-3 周边环境风险等级

周边环境风险等级	等级划分标准
一级	主要影响区内存在既有轨道交通设施、重要建（构）筑物、重要桥梁与隧道、河流或湖泊
二级	主要影响区内存在一般建（构）筑物、一般桥梁与隧道、高速公路或重要地下管线 次要影响区内存在既有轨道交通设施、重要建（构）筑物、重要桥梁与隧道、河流或湖泊 隧道工程上穿既有轨道交通设施
三级	主要影响区内存在城市重要道路、一般地下管线或一般市政设施 次要影响区内存在一般建（构）筑物、一般桥梁与隧道、高速公路或重要地下管线
四级	次要影响区内存在城市重要道路、一般地下管线或一般市政设施

地质条件复杂程度可根据场地地形地貌、工程地质条件和水文地质条件按表5－4划分。

表5-4 地质条件复杂程度等级划分标准

地质条件复杂程度	等级划分标准
复杂	地形地貌复杂；不良地质作用强烈发育；特殊性岩土需要专门处理；地基、围岩和边坡的岩土性质较差；地下水对工程的影响较大需要进行专门研究和治理
中等	地形地貌较复杂；不良地质作用一般发育；特殊性岩土不需要专门处理；地基、围岩和边坡的岩土性质一般；地下水对工程的影响较小
简单	地形地貌简单；不良地质作用不发育；地基、围岩和边坡的岩土性质较好；地下水对工程无影响

注：符合条件之一即为对应的地质条件复杂程度，从复杂开始，向中等、简单推定，以最先满足的为准。

工程监测等级可按表5－5划分，并应根据当地经验结合地质条件复杂程度进行调整。

表5-5 工程监测等级

工程监测等级 / 周边环境风险等级 / 工程自身风险等级	一级	二级	三级	四级
一级	一级	一级	一级	一级
二级	一级	二级	二级	二级
三级	一级	二级	三级	三级

四、仪器监测项目要求

工程监测对象的选择应在满足工程支护结构安全和周边环境保护要求的条件下，针对不同的施工方法，根据支护结构设计方案、周围岩土体及周边环境条件综合确定。监测对象宜包括下列内容：

（1）矿山法隧道工程中的初期支护、临时支护、二次衬砌及盾构法隧道工程中的管片等支护结构。

（2）工程周围岩体、土体、地下水及地表。

（3）工程周边建（构）筑物、地下管线、高速公路、城市道路、桥梁、既有轨道交通及其他城市基础设施等环境。

工程监测项目应根据监测对象的特点、工程监测等级、工程影响分区、设计及施工的要求合理确定，并应反映监测对象的变化特征和安全状态。

矿山法隧道支护结构和周围土体监测项目应根据表5－6选择，还可以参考图5－2。

表5－6　矿山法隧道支护结构和周围岩土体监测项目

序号	监测项目	工程监测等级		
		一级	二级	三级
1	初期支护结构拱顶沉降	√	√	√
2	初期支护结构底板竖向位移	√	○	○
3	初期支护结构净空收敛	√	√	√
4	隧道拱脚竖向位移	○	○	○
5	中柱结构竖向位移	√	√	○
6	中柱结构倾斜	○	○	○
7	中柱结构应力	○	○	○
8	初期支护结构、二次衬砌应力	○	○	○
9	地表沉降	√	√	√
10	土体深层水平位移	○	○	○
11	土体分层竖向位移	○	○	○
12	围岩压力	○	○	○
13	地下水位	√	√	√

注：√—应测项目；○—选测项目。

五、现场巡查内容

1. 矿山法隧道施工现场巡查内容

1）施工工况

（1）开挖步序、步长、核心土尺寸等情况。

（2）开挖面岩土体的类型、特征、自稳性，地下水渗漏及发展情况。

（3）开挖面岩土体的坍塌位置、规模。

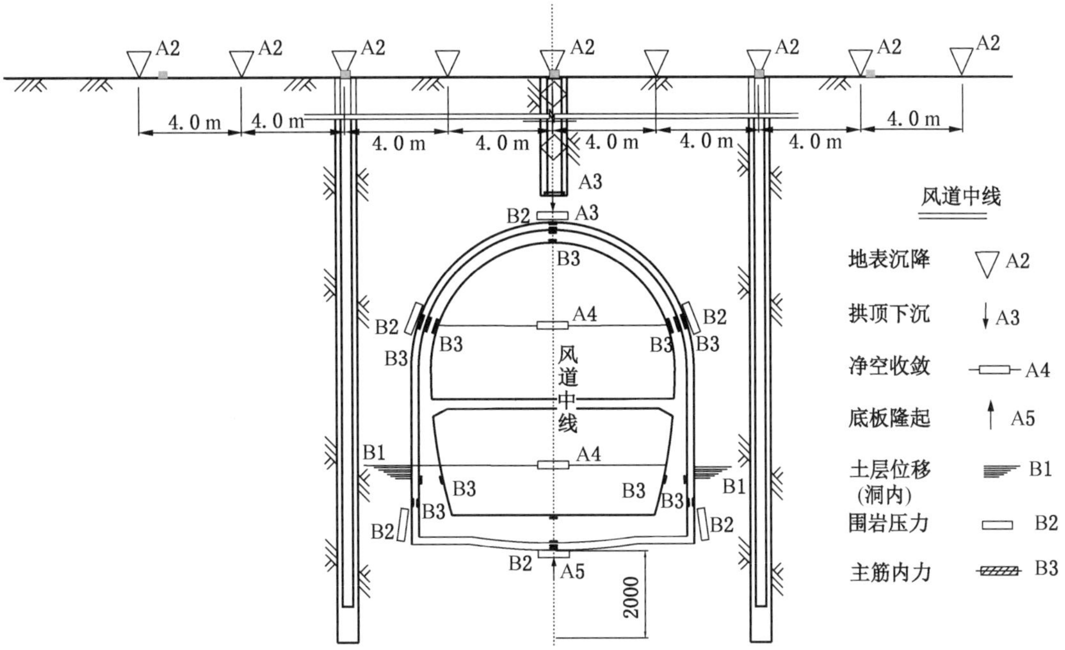

图5－2 矿山法隧道支护结构和周围岩土体监测项目示意图

（4）降水或止水等地下水控制效果及降水设施运转情况。

2）支护结构

（1）超前支护施作情况及效果、钢拱架架设、挂网及喷射混凝土的及时性、连接板的连接及锁脚锚杆的打设情况。

（2）初期支护结构渗漏水情况。

（3）初期支护结构开裂、剥离、掉块情况。

（4）临时支撑结构的变位情况。

（5）二衬结构施作时临时支撑结构分段拆除情况。

（6）初期支护结构背后回填注浆的及时性。

2. 周边环境现场巡查内容

（1）建（构）筑物、桥梁墩台或梁体、既有轨道交通结构等的裂缝位置、数量和宽度，混凝土剥落位置、大小和数量，设施的使用状况。

（2）地下构筑物积水及渗水情况，地下管线的漏水、漏气情况。

（3）周边路面或地表的裂缝、沉陷、隆起、冒浆的位置、范围等情况。

（4）河流湖泊的水位变化情况，水面出现旋涡、气泡及其位置、范围，堤坡裂缝宽度、深度、数量及发展趋势等。

（5）工程周边开挖、堆载、打桩等可能影响工程安全的生产活动。

第二节 地表沉降监测

隧道开挖导致土中应力释放，必定会引起周围土体变形，过量的变形将影响邻近建筑物和地下管线的正常使用，甚至导致破坏。因此，必须在隧道施工期间对支护结构、土体、邻近建筑物和地下管线的变形进行监测，并根据监测数据及时调整开挖速度和开挖位置，以保证邻近建筑物和管线不因过量、过快的变形而影响它们的正常使用功能，以利于隧道施工顺利进行。

一、监测点布设要求

矿山法隧道工程地表沉降监测点位置应在施工图设计中确定，并应在隧道开挖前布设，地表沉降监测点和隧道内测点对应布设在同一断面里，在实际实施时应根据现场情况变化进行修正。根据《城市轨道交通工程监测技术规范》(GB 50911—2013)，地表沉降监测断面及监测点布设应符合下列规定：

（1）监测点应沿每个隧道或分部开挖导洞的轴线上方地表布设，且监测等级为一级、二级时，监测点间距宜为 5 ~ 10 m；监测等级为三级时，监测点间距宜为 10 ~ 15 m。

（2）应根据周边环境和地质条件，沿地表布设垂直于隧道轴线的横向监测断面，且监测等级为一级时，监测断面间距宜为 10 ~ 50 m；监测等级为二级、三级时，监测断面间距宜为 50 ~ 100 m。

（3）在车站与区间、车站与附属结构、明暗挖等的分界部位，洞口、隧道断面变化、联络通道、施工通道等部位及地质条件不良易产生开挖面坍塌和地表过大变形的部位，应有横向监测断面控制。

（4）横向监测断面的监测点数量宜为 7 ~ 11 个，且主要影响区的监测点间距宜为 3 ~ 5 m，次要影响区的监测点间距宜为 5 ~ 10 m。

二、监测作业方法

1. 监测方法及仪器选择

地表沉降监测常用几何水准测量方法，使用水准仪观测。

2. 基准点及测点埋设

基准点布置于城市轨道交通工程影响区外的稳定地段，纳入基准网或观测网中的基准点与工作基点数量应各不少于 3 个。基准点的分布区域要求能够控制监测范围。

地表沉降监测点标志一般采用带保护井的螺纹钢测点，标志埋设要求如下：

（1）地表沉降监测点宜采用钻孔方式埋设，测点埋设时应钻透地表硬壳层，底部埋设深度应深于当地冻土线，螺纹钢标志点直径宜为 18 ~ 22 mm，钻孔直径不宜小于 80 mm，底部将螺纹钢标志点用混凝土与周边土体固定，上部空洞用细砂回填。

（2）地表沉降监测点的保护井宜采用钢质井壁，井壁厚度宜为 10 mm，井壁垫底宽度宜为 50 mm，井深宜为 200 ~ 300 mm，采用钢质井盖，井盖直径宜为 150 mm；井口标高宜与道路地表标高相同。

地表沉降监测点埋设形式如图 5－3 所示。

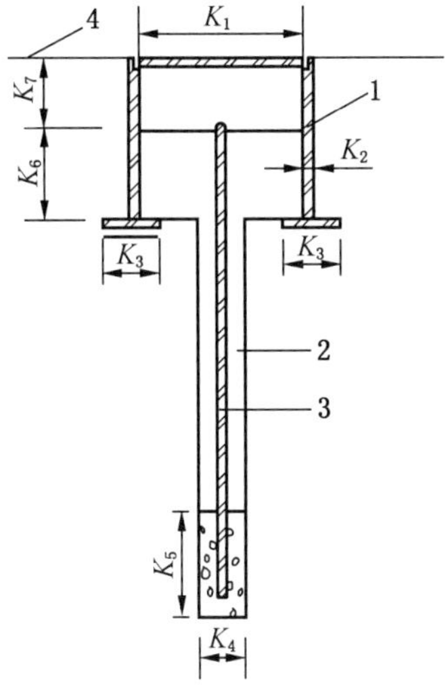

1—保护井；2—钻孔回填细砂；3—螺纹钢标志；4—地面；
K_1—保护井盖直径；K_2—保护井井壁厚度；K_3—井垫圈宽；K_4—钻孔孔径；K_5—底端混凝土固结长度；
K_6—井圈面距测点顶部高度；K_7—测点顶部距井盖顶高度

图 5－3　地表沉降监测点埋设形式

第三节　初期支护结构拱顶沉降及净空收敛监测

初期支护结构拱顶沉降及净空收敛监测是隧道施工中一项必不可少的监测内容。隧道开挖后，由于围岩自重和应力重分布造成隧道顶板向下移动的现象称为拱顶沉降。隧道内壁两点连线方向的相对位移称为隧道净空收敛，是隧道周边内部净空尺寸的变化。由于地下工程自身固有的错综复杂性和变异性，传统的设计方法仅凭力学分析和强度验算难以全面、适时地反映出各种情况下支护系统的受力变化情况。围岩应力及环境条件发生变化，周边围岩及支护也会随之产生位移，该位移是围岩和支护力学行为变化最直接的综合反映，因此隧道围岩位移监测具有十分重要的作用。通过对围岩周边的拱顶沉降和水平净空收敛量及其速度进行观察，掌握围岩位移随时间变形的规律，从而为判断围岩的稳定性和确定二次支护的时间提供依据。

一、监测点布设要求

区间暗挖测点布置在每条隧道的顶部，随着隧道的形成而延伸。断面设置要有代表性，如进出洞口、地层变化等，并尽量与地表沉降点布设相对应。根据《城市轨道交通工程监测技术规范》(GB 50911—2013)，初期支护结构拱顶沉降、净空收敛监测断面及监测点布设应符合下列规定：

（1）初期支护结构拱顶沉降、净空收敛监测应布设垂直于隧道轴线的横向监测断面，车站监测断面间距为 5 ~ 10 m，区间监测断面间距宜为 10 ~ 15 m。

（2）监测点宜在隧道拱顶、两侧拱脚处（全断面开挖时）或拱腰处（半断面开挖时）布设，拱顶的沉降监测点可兼作净空收敛监测点，净空收敛测线宜为 1 ~ 3 条。

（3）分部开挖施工的每个导洞均应布设横向监测断面。

（4）监测点应在初支完成后及时布设。

由于观测断面形状、围岩条件、开挖方式不同，测线位置、数量亦有所不同，可参见表 5 - 7 和图 5 - 4。

拱顶下沉测点一般可与收敛测点共用，这样既节省了测点布设工作量，更为重要的是使测点统一，监测结果能够互相验证。

表 5 - 7　净空收敛监测测线数

开挖方法	普通区间	特殊区间			
		洞口附近	埋深小于 $2B$	有膨胀压力或偏压地段	选测项目量测位置
全断面开挖法	一条水平测线		3 条或 5 条		3 条或 5 条，7 条
短台阶法	两条水平测线	3 条或 6 条	3 条或 6 条	3 条或 6 条	3 条或 5 条，6 条
多台阶法	每台阶一条水平测线	每台阶 3 条	每台阶 3 条	每台阶 3 条	每台阶 3 条

注：B 为隧道开挖宽度，m。

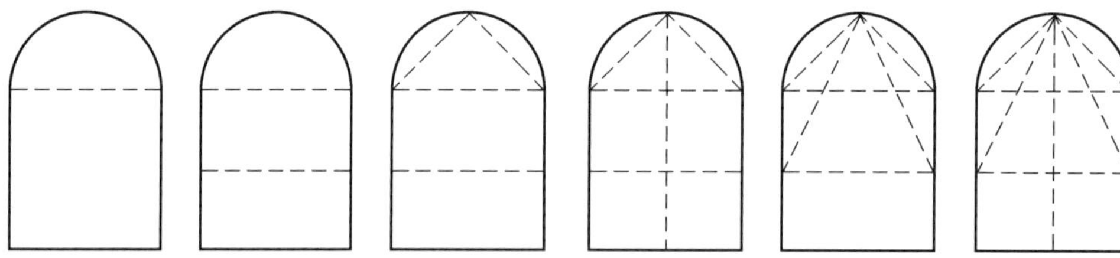

图 5 - 4　断面收敛监测测线的布设方式

二、监测作业方法

1. 初期支护结构拱顶沉降

拱顶下沉观测采用倒立铟钢尺，水准仪测量。测试时将水准仪安放在标准高程点和拱顶测点之间，铟钢尺底端抵在标准高程点上，并将铟钢尺调整到水平位置，然后通过水准仪后视铟钢尺记下读数 H_1，再前视钢卷尺记下读数 H_2，若标准高程点的高程为 H_0，则本次测试拱顶测点的高程为 $H_0+H_1+H_2$，两次不同测试的拱顶高程差即为两次间隔时间内的拱顶沉降。拱顶沉降监测作业方法如图 5 - 5 所示。

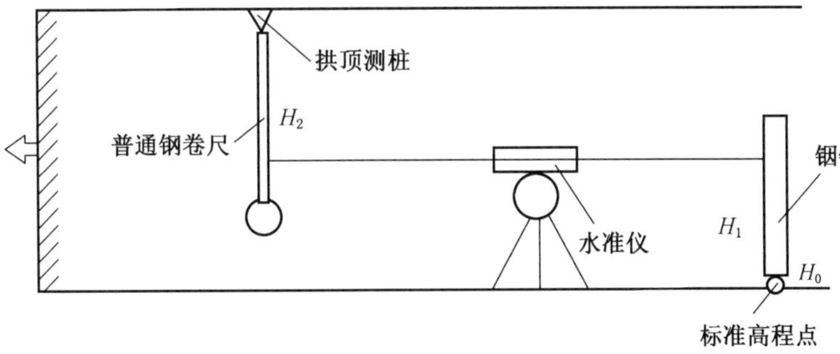

图 5-5 拱顶沉降监测作业方法示意图

2. 净空收敛监测

目前，隧道净空收敛监测可采用接触和非接触两种方法，其中接触监测主要采用收敛计进行，非接触监测则主要采用全站仪或红外激光测距仪进行。采用收敛计进行净空收敛监测相对简单，通过监测布设于隧道周边上的两个监测点之间的距离，求出与上次量测值之间的变化量即为此处两监测点方向的净空变化值。读数时应进行三次，然后取其平均值。

三、收敛计测试方法

NSL 型收敛计由内装有压簧的主体、数显卡尺、调节圈、用来连接两测点的钢卷尺、封端等部件组成，如图 5-6 所示。在要测量的两个基点上埋设测点固定端，挂上收敛计及钢卷尺。挂钉插入钢卷尺相对应的孔内，调节收敛计长度可以使钢卷尺产生恒定张力，以保证测量的准确度及可比性。收敛计将两个基点之间相对微小的位移变化转变为数显卡尺的两次读数差。两个基点之间用钢卷尺连接，调节收敛计使钢卷尺产生恒定张力，基点间相对变化由数显卡尺读出，不同时间内所测值的差值是基点间相对变化的位移值。当基点间相对位移值变化超过数显卡尺的有效量程时应调整挂钉插入钢卷尺的孔位。

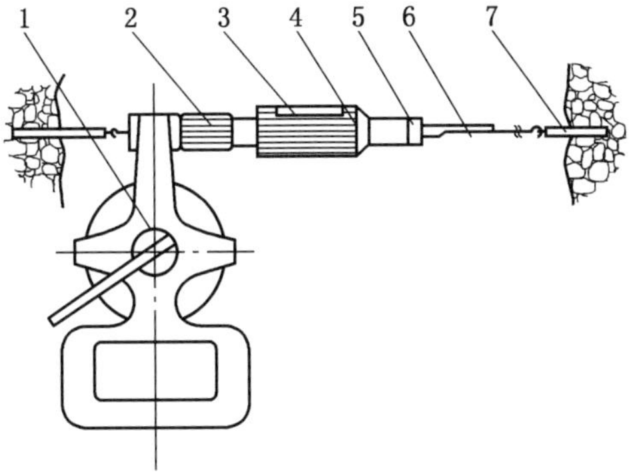

1—钢卷尺；2—调节圈；3—数显卡尺；4—压簧的主体；5—封端；6—挂钉；7—测点固定端

图 5-6 NSL 型收敛计结构示意图

1. 准备

（1）两个基准点处埋入测点固定端。

（2）收敛计对零。顺时针方向旋转调节圈至 U 形量块接触为止（慢慢旋转）。按数显卡尺开启键（ON/OFF）接通电源，按显零键（ZERO）对零点值。将封端向右拉，再推回，指零值不应变化。如变化再按显零键。

注意：对零后，在工作过程中此置零键不许再按。

2. 测量

（1）将钢卷尺与收敛计挂在两个基准点的测点固定端内，挂钉插入相应的钢卷尺孔内。

（2）逆时针方向旋转调节圈直至挂钉上的刻线与刻线尺上的刻线对齐为止。此时钢卷尺已加上恒定张力。数显卡尺显示数值 I_0。

（3）记下挂钉插入相应的钢卷尺处的读数 L_0。

（4）基点间产生相对位移变化后，按上述程序再旋转调节圈使刻线对齐再读数，数显卡尺显示 I_n。

3. 收敛值计算

基准点间收敛值 δ 按下式计算：

$$\delta = (I_0 + L_0) - (I_n + L_n) \tag{5-4}$$

式中 I_0——首次数显卡尺读数值，mm；

L_0——首次钢卷尺读数值，mm；

I_n——第 N 次数显卡尺读数值，mm；

L_n——第 N 次钢卷尺读数值，mm。

如果第 N 次测量与首次测量时的环境温度相差较大时，要进行温度修正，修正后钢卷尺长度 L'_n 由下式计算：

$$L'_n = L_n - \alpha(T_n - T_0)L_n \tag{5-5}$$

式中 α——钢卷尺线膨胀系数，取 $\alpha = 12 \times 10^{-6}/℃$；

T_n——第 N 次测量时环境温度，℃；

T_0——首次测量时环境温度，℃。

修正后的收敛值 δ' 按下式计算：

$$\delta' = (I_0 + L_0) - (I_n + L'_n) \tag{5-6}$$

第四节　地下水位监测

矿山法工程施工过程中，周围土体排水会引起土体的孔隙水压力消散，有效应力增加，土体产生固结沉降，引起周围一定范围内的地面下沉，甚至造成临近区域内建（构）筑物的破坏。因此，地下水位变化是浅埋暗挖工程施工过程中必须严密监测的一个关键性参数。

一、监测点布设要求

地下水位观测孔应根据水文地质条件的复杂程度、降水深度、降水的影响范围和周边环境保护要求，在降水区域及影响范围内分别布设地下水位观测孔，观测孔数量应满足掌握降水区域和影响范围内的地下水位动态变化的要求。当降水深度内存在 2 个及以上含水层时，应分层布设地下水位观测孔。地下水位观测孔的布设原则是：一般在隧道两侧布设地下水位观测孔，地下水位观测孔深度一般应低于隧道底 2 ~ 3 m。保护周围环境的地下水位观测孔应围绕支护结构和被保护对象（如建筑物、地下管线等）或在两者之间进行布置，其深度应在允许最低地下水位之下或根据不同水层的位置而定，潜水水位观测管埋设深度宜为 6 ~ 8 m。

二、监测作业方法

1. 监测方法及仪器选择

地下水位是通过埋设地下水位观测井，采用电测水位计（图 5 – 7）进行监测的。电测水位计由测头、电缆、滚筒、手摇柄和指示器等组成。其工作原理是当探头接触水面时两电极使电路闭合，信号经电缆传到指示器及触发蜂鸣器，此时可从电缆的标尺上直接读出水深。

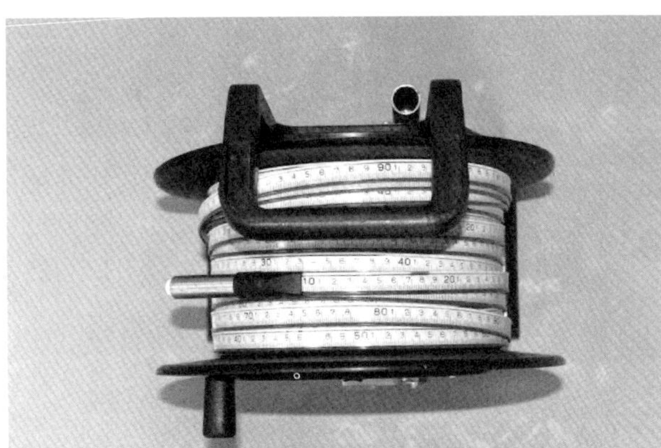

图 5 – 7 电测水位计

2. 测点埋设方法

水位管选用直径 50 mm 左右的钢管或硬质塑料管，管底加盖密封，防止泥沙进入管中。下部留出 0.5 ~ 1 m 的沉淀段（不打孔），用来沉积滤水段带入的少量泥沙。中部管壁周围钻出 6 ~ 8 列直径为 6 mm 左右的滤水孔，纵向孔距 50 ~ 100 mm。相邻两列的孔交错排列，呈梅花状布置。管壁外部包扎过滤层，过滤层可选用土工织物或网纱。上部管口段不打孔，以保证封口质量。

埋设时用钻机钻孔到要求的深度，将管子放入钻孔，管子与孔壁间用干净细砂填实，在近地表 2 m 内的管子与孔壁间用黏土和干土球填实密封，以免地表水进入孔中，然后用清水冲洗孔底，以防泥浆堵塞测孔，保证水路畅通，测管高出地面约 200 mm，上面加盖，不让雨水进入，并做好观测井的保护装置。

3. 观测方法

先用电测水位计测出水位管内水面距管口的距离，然后用水准测量的方法测出水位管管口绝对高程，最后通过计算得到水位管内水面的高程。

4. 观测要求

（1）地下水位观测宜通过钻孔设置水位观测管，采用测绳、水位计等进行量测。

（2）地下水位应分层观测，水位观测管的滤管位置和长度应与被测含水层的位置和厚度一致，被测含水层与其他含水层之间应采取有效的隔水措施。

（3）水位观测管埋设稳定后应测定孔口高程并计算水位高程。人工观测地下水位的测量精度不宜低于20 mm，仪器观测精度不宜低于0.5% F·S。

5. 水位观测管的安装规定

（1）水位观测管的导管段应顺直，内壁应光滑无阻，接头应采用外箍接头。

（2）观测孔孔底宜设置沉淀管。

（3）观测孔完成后应进行清洗，观测孔内水位应与地层水位一致，且连通良好。

（4）水位观测管宜至少在工程开始降水前1周埋设，且宜逐日连续观测水位并取得稳定初始值。

第五节　围岩压力及支护间接触应力监测

通过在不同的主断面周围土体中布置土压力计，在初期支护的钢格栅上焊接钢筋应力计的监测研究手段，达到分析围岩压力、支护结构受力状态及隧道结构支护效果评价的目的。并且可以了解围岩压力的量值及分布状态，判断围岩和支护的稳定性，分析二次衬砌的稳定性和安全度。

一、监测点布设要求

矿山法的围岩压力、初期支护结构应力、二次衬砌应力监测断面及监测点布设应符合下列规定：

（1）在地质条件复杂或应力变化较大的部位布设监测断面时，应力监测断面与净空收敛监测断面宜处于同一位置。

（2）监测点宜布设在拱顶、拱脚、墙中、墙脚、仰拱中部等部位，监测断面上每个监测项目不宜少于5个监测点。

（3）需拆除竖向初期支护结构的部位应根据需要布设监测点。

二、监测作业方法

1. 监测仪器

土压力计（图5－8）的测试量程可根据预测的压力变化幅度确定，其上限可取设计压力的2倍，精度不宜低于0.5% F·S，分辨率不宜低于0.2% F·S。

围岩压力监测试验装置如图5－9所示。

2. 土压力计的埋设和安装

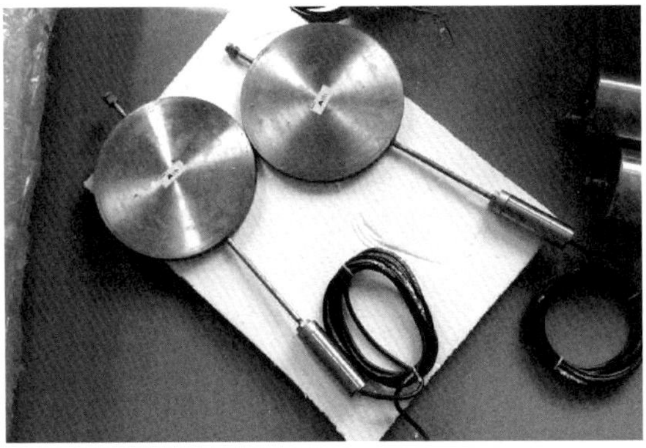

图5-8　土压力计

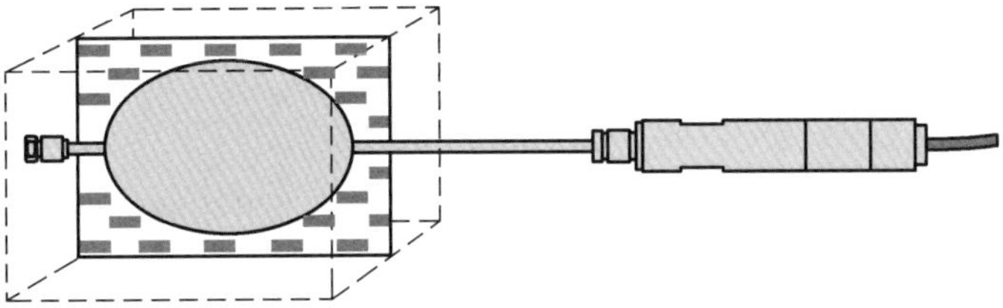

图5-9　围岩压力监测试验装置

土压力计的埋设可采用埋入式，埋设前应对土压力计进行稳定性、密封性检验和压力、温度标定，且检验记录、标定资料应齐全。埋设围岩与衬砌之间、初衬与二衬之间的土压力计时，可先用水泥砂浆或石膏将土压力计固定在岩面或初衬表面上，使混凝土和土压力计之间不要有间隙以保证其均匀受压，并避免压力膜受到粗颗粒、高硬度的回填材料的不良影响。受力面与所监测的压力方向应垂直，并紧贴被监测对象。土压力计导线长度可根据工程监测需要确定，导线中间不应有接头，导线应按一定线路集中于导线箱内。

3. 土压力计测量与计算

（1）调零与标定。在土压力计安设之前校核，读各仪器的 F_0（即压力盒未受压时钢弦的频率）。

（2）隧道结构内安设完毕，进行初始读数。

（3）根据隧道内的每道工序定时量测。在仪器埋设后5 m范围内，每天量测2 ~3 次；大于5 m长度时每天量测1 ~2 次；大于10 m时，每天量测1 次。分步开挖过程中后续开挖面通过测点前后5 m范围内每天量测2 ~3 次，并注意读数变化，通过5 m后仍有突变则要对结构进行检查，并加强地表、拱顶沉降的观测，以便进行校核。

（4）量测记录、计算及分析，分别绘制测点频率、受力及换算后的结构受力曲线，及时记录施工工序，形成一整套合理的变形、受力规律。

第六节　土体分层沉降及水平位移监测

土体分层沉降是指地面不同深度处土层内点的沉降或隆起，通常用磁性分层沉降仪量测。矿山法隧道工程上覆地层分层沉降量测是为了掌握施工过程中上覆地层不同深度的垂直变位情况。水平位移监测是为了掌握施工过程中上覆地层不同深度处的水平变位情况。

一、监测点布设要求

1. 土体分层沉降监测

通过在钻孔中埋设一根硬塑料管作为引导管，再根据需要分层埋入磁性沉降环，用测头测出各磁性沉降环的初始位置。在隧道施工过程中分别测出各沉降环的位置，便可算出各层土的压缩量。

2. 土体水平位移监测

土体和围护结构的深层水平位移通常采用钻孔测斜仪测定，当被测土体变形时，测斜管轴线产生挠度，用测斜仪测量测斜管轴线与铅垂线之间夹角的变化量，从而获得土体内部各点的水平位移。

3. 土体分层竖向位移监测

（1）土体分层竖向位移监测可埋设磁环分层沉降标，采用磁性分层沉降仪进行监测；也可以埋设深层沉降标，采用水准测量方法进行监测。

（2）分层沉降管宜采用聚氯乙烯（PVC）工程塑料管，直径宜为45～90 mm。

（3）磁环分层沉降标可通过钻孔在预定位置埋设。安装磁环时，应先在沉降管上分层沉降标的设计位置套上磁环与定位环，再沿钻孔逐节放入分层沉降管。分层沉降管安置到位后，应使磁环与土层黏结固定。

（4）磁环分层沉降标埋设后应连续观测1周，至磁环位置稳定后，测定孔口高程并计算各磁环的高程。采用磁性分层沉降仪量测时，应以3次测量平均值作为初始值，读数较差不应大于1.5 mm；采用深层沉降标结合水准测量时，水准测量精度应符合表5－8的规定。

（5）采用磁环分层沉降标监测时，应对磁环距管口深度采用进程和回程两次观测，并取进、回程读数的平均数；每次监测时均应测定分层沉降管管口高程的变化，然后换算出分层沉降管外各磁环的高程。

（6）监测仪器和监测方法应满足竖向位移监测点测站高差中误差和竖向位移控制值的要求，且竖向位移监测精度应符合表5－8规定。

表5－8　竖向位移监测精度

工程监测等级		一级	二级	三级
竖向位移控制值	累计变化量 S/mm	$S<25$	$25\leqslant S<40$	$S\geqslant40$
	变化速率 V_s/(mm·d^{-1})	$V_s<3$	$3\leqslant V_s<4$	$V_s\geqslant4$
监测点测站高差中误差/mm		≤0.6	≤1.2	≤1.5

注：监测点测站高差中误差指相应精度与视距的几何水准测量单程一测站的高差中误差。

二、监测作业方法

1. 土体分层沉降监测

土体分层沉降采用磁性分层沉降仪进行监测。磁性分层沉降仪（图5－10）由对磁性材料敏感的探头、埋设于土层中的分层沉降管和钢环、带刻度标尺的导线以及电感探测装置组成。分层沉降管由聚氯乙烯（PVC）工程塑料管制成，管外每隔一定距离安放一个钢环，地层沉降时带动钢环同步下沉。当探头从钻孔中缓慢下放遇到预埋在钻孔中的钢环时，电感探测装置上的蜂鸣器就发出叫声，这时根据测量导线上标尺在孔口的刻度以及孔口的标高，就可以计算钢环所在位置的标高，测量精度可达1 mm。

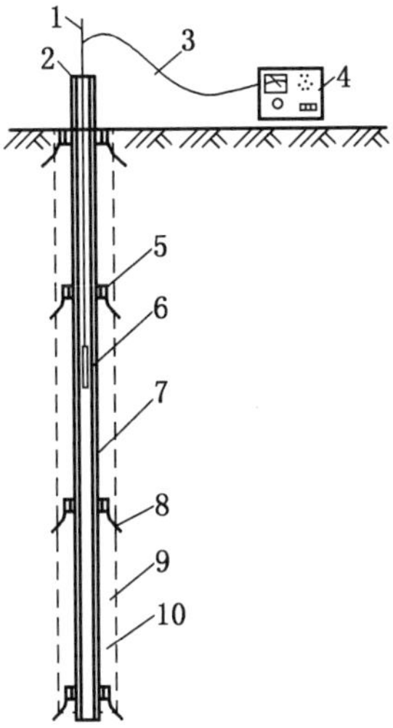

1—测尺；2—基点；3—导线；4—指示器；5—磁性沉降环；6—探头；7—沉降管；
8—弹性爪；9—钻孔；10—回填土球

图5－10　磁性分层沉降仪

2. 土体分层竖向位移监测

土体分层竖向位移监测可获得土体中的竖向位移随深度的变化规律。用磁环分层沉降标监测时，应对磁环距管口深度采用进程和回程两次观测，并取进、回程读数的平均数；每次监测时均应测定分层沉降管管口高程的变化，然后换算出分层沉降管外各磁环的高程。

3. 土体水平位移监测

土体水平位移采用测斜仪进行监测。测斜仪主要由四部分组成：装有测斜传感元件的探头、测读仪、电缆和测斜管。

（1）测斜仪探头。它是倾角传感元件，其外观为细长金属鱼雷状探头，上、下近端部配有两对轮子，上端有与测读仪连接的电缆。

（2）测读仪。测读仪是测斜仪探头的二次仪表，与测斜仪探头配套使用，是提供电源、采集和变换信号、显示和记录数据的核心部件。

（3）电缆。电缆的作用有 4 个：①向探头供给电源：②给测读仪传递量测信号：③作为探头所在的量测点距孔口的深度尺；④提升和下放探头的绳索。

（4）测斜管。测斜管一般由塑料（PVC）和铝合金材料制成，管节长度分为 2 m 和 4 m 两种规格，管节之间由外包接头管连接，管内有相互垂直的两对凹型导槽，管径有 60 mm、70 mm、90 mm 等多种不同规格。

每次监测时，将探头导轮对准所测位移方向的槽口，缓缓放至管底，待探头与管内稳定一致、显示仪读数稳定后开始监测。测量自孔底开始，每隔 500 mm 读数一次，自下而上沿导槽测试，并做记录。之后将仪器旋转 180°，再按上述方法测量，以消除测斜仪自身的误差。

第七节　钢拱架和衬砌内力监测

隧道内的钢拱架属于受弯构件，其稳定性主要取决于最大弯矩是否超出了其承载力。钢拱架内力监测的目的是监控围岩的稳定性和钢支撑自身的安全性，并为二次衬砌结构的设计提供反馈信息。

一、监测点布设要求

钢拱架分型钢钢拱架和格栅钢拱架，型钢钢拱架内力可采用钢筋应变计、电阻应变片监测。格栅钢拱架由钢筋制作而成，其内力可以采用钢筋应力计监测，每榀钢拱架布置 5 ~ 11 只钢筋应力计，利用频率仪进行测读。振弦式钢筋应力计如图 5 - 11 所示。

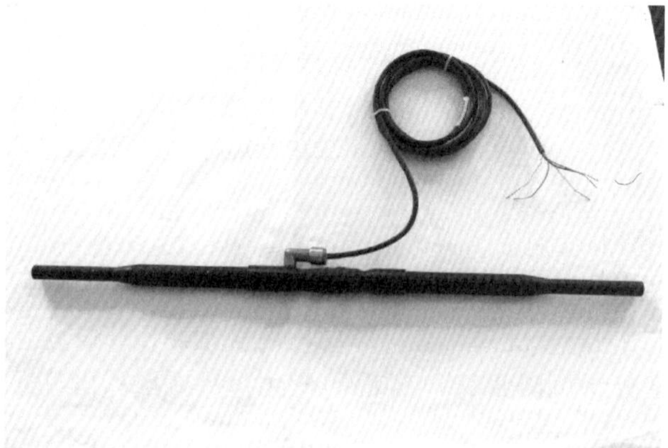

图 5 - 11　振弦式钢筋应力计

二、监测作业方法

1. 监测仪器

钢筋应力计或其他测力计及频率仪，量程宜为设计值的 2 倍，量测精度不宜低于 0.5% F・S，分辨率不宜低于 0.2% F・S。

2. 钢筋应力计的安装埋设要求

选择现场实际施作的钢格栅作为内力量测对象。钢筋应力计应焊接在同一直径的受力钢筋上并宜保持在同一轴线上，焊接时尽可能使其处于不受力状态，特别不应处于受弯状态。钢筋应力计与钢拱架连接如图 5－12 所示。

图 5－12　钢筋应力计与钢拱架连接

3. 测量与计算

（1）调零与标定。在钢筋计安设之前校核。

（2）隧道结构内安设完毕，进行初始读数。

（3）根据隧道内的每道工序定时量测。在仪器埋设后 5 m 范围内，每天量测 2～3 次；大于 5 m 长度时每天量测 1～2 次；大于 10 m 时，每天量测 1 次。

（4）量测记录、计算及分析，分别绘制测点频率、受力及换算后的结构受力曲线，及时记录施工工序，形成一整套合理的变形、受力规律。

第八节　孔隙水压力监测

隧道开挖引起的地表沉降等都与岩土体中孔隙水压力的变化有关。通过地下孔隙水压力监测，可及时了解地下工程中水的渗流压力分布情况及其大小，防止地下水对工程的影响，保证工程安全和施工进度。

一、监测点布设要求

（1）孔隙水压力应根据工程测试的目的、土层的渗透性和测试期的长短等条件，选用封闭或开口方式埋设孔隙水压力计进行监测。孔隙水压力计的量程应满足被测孔隙水压力范围的要求，可取静水压力与超孔隙水压力之和的2倍，精度不宜低于0.5% F·S，分辨率不宜低于0.2% F·S。

（2）采用钻孔法埋设孔隙水压力计时，钻孔应圆直、干净，钻孔直径宜为110～130 mm，不宜使用泥浆护壁成孔。孔隙水压力计的观测段应回填透水材料，并用干燥膨润土球或注浆封孔。

（3）孔隙水压力监测的同时，应测量孔隙水压力计埋设位置的地下水位。孔隙水压力应根据实测数据，按压力计的换算公式进行计算。

二、监测作业方法

1. 监测方法及仪器选择

采用埋设孔隙水压力计，并用数显频率仪测读的方法。

2. 测点埋设方法

孔隙水压力计应进行稳定性、密封性检验和压力标定，并应确定压力传感器的初始值，检验记录、标定资料应齐全。埋设前，传感器透水石应在清水中浸泡饱和，并排除透水石中的气泡。孔隙水压力计应在施工前埋设。传感器的导线长度应大于设计深度，导线中间不宜有接头，引出地面后应放到集线箱内并编号。当孔内埋设有多个孔隙水压力计，监测不同含水层的渗透压力时，应做好相邻孔隙水压力计的隔水措施。埋设后，应记录探头编号、位置并测读初始读数。孔隙水压力计钻孔埋设有以下两种方法：一种方法是一孔埋设多个孔隙水压力计，孔隙水压力计间距大于1 m，以免水压力贯通；另一种方法是采用单孔法即一个钻孔埋设一个孔隙水压力计。

3. 观测方法

用数显频率仪测读，记录孔隙水压力计频率。监测孔隙水压力的同时，应测量孔隙水压力计埋设位置的地下水位。孔隙水压力应根据实测数据，按压力计的换算公式进行计算。

参 考 文 献

[1] 中华人民共和国水利部. 水利水电工程岩石试验规程：SL/T 264—2020 [S]. 北京：中国水利水电出版社，2020.

[2] 中华人民共和国住房和城乡建设部. 建筑地基检测技术规范：JGJ 340—2015 [S]. 北京：中国建筑工业出版社，2015.

[3] 袁聚云，徐超，贾敏才，等. 岩土体测试技术 [M]. 北京：中国水利水电出版社，2014.

[4] 夏才初，潘国荣. 岩土与地下工程监测 [M]. 北京：中国建筑工业出版社，2017.

[5] 金淮，张建全，吴锋波，等. 城市轨道交通工程监测理论与技术实践 [M]. 北京：中国建筑工业出版社，2014.

[6] 王清. 土体原位测试与工程勘察 [M]. 北京：地质出版社，2006.

[7] 佑荣，吴立，贾洪彪，等. 岩体力学实验指导书 [M]. 北京：中国地质大学出版社，2008.

图书在版编目（CIP）数据

工程地质原位试验教程／蔡晓光主编．--北京：应急管理出版社，2021

防灾减灾系列教材

ISBN 978-7-5020-8892-7

Ⅰ.①工…　Ⅱ.①蔡…　Ⅲ.①岩土工程—工程地质—原位试验—教材　Ⅳ.①TU4

中国版本图书馆 CIP 数据核字（2021）第 180977 号

工程地质原位试验教程（防灾减灾系列教材）

主　　编　蔡晓光
责任编辑　闫　非　郭玉娟
责任校对　李新荣
封面设计　千　沃

出版发行　应急管理出版社（北京市朝阳区芍药居 35 号　100029）
电　　话　010-84657898（总编室）　010-84657880（读者服务部）
网　　址　www.cciph.com.cn
印　　刷　北京地大彩印有限公司
经　　销　全国新华书店

开　　本　787mm×1092mm 1/16　**印张**　8　**字数**　181 千字
版　　次　2021 年 10 月第 1 版　2021 年 10 月第 1 次印刷
社内编号　20210753　　**定价**　30.00 元